奶牛分娩应激

孙 健 著

中国农业大学出版社
·北京·

内 容 简 介

分娩应激是奶牛诸多分娩后疾病的诱发因素。本书系统而全面地总结了国内外在奶牛分娩应激方面的研究现状，在此基础上开展了一系列的实验和研究，并探讨了奶牛分娩应激的产生机理及奶牛分娩应激的缓解措施。本书通过实验证明了分娩应激的存在，疼痛是分娩应激重要的诱发因素。在此基础上本书进行了奶牛在分娩后注射镇痛药——氟尼辛葡甲胺缓解奶牛分娩应激实验，验证了氟尼辛葡甲胺对缓解奶牛分娩应激的有效性和安全性，并观察了分娩后注射氟尼辛葡甲胺对奶牛血液生化指标、生产性能及分娩后疾病发生率的影响。这些研究能为奶牛分娩应激的缓解及奶牛分娩后疾病的防控提供理论依据和技术支持。

本书可作为奶牛养殖领域技术人员、大专院校相关师生和科研院所相关研究人员的参考用书。

图书在版编目(CIP)数据

奶牛分娩应激 / 孙健著 . --北京：中国农业大学出版社，2023. 8
ISBN 978-7-5655-3048-7

Ⅰ. ①奶…　Ⅱ. ①孙…　Ⅲ. ①乳牛－分娩－研究　Ⅳ. ①S823. 93

中国国家版本馆 CIP 数据核字(2023)第 163357 号

书　　名　奶牛分娩应激
Nainiu Fenmian Yingji

作　　者　孙　健　著

策划编辑　张　程　　**责任编辑**　石　华　程书萍
封面设计　中通世奥
出版发行　中国农业大学出版社
社　　址　北京市海淀区圆明园西路 2 号　　**邮政编码**　100193
电　　话　发行部 010-62733489，1190　　**读者服务部**　010-62732336
编辑部 010-62732617，2618　　**出　版　部**　010-62733440
网　　址　http://www.caupress.cn　　**E-mail**　cbsszs@cau.edu.cn
经　　销　新华书店
印　　刷　河北虎彩印刷有限公司
版　　次　2023 年 8 月第 1 版　　2023 年 8 月第 1 次印刷
规　　格　170 mm×240 mm　　16 开本　　6.75 印张　　125 千字
定　　价　58.00 元

序

看到孙健博士的《奶牛分娩应激》一书问世，很是高兴。谨向作者表示祝贺。

孙健老师2007年毕业于北京农学院动物医学专业，2007年7月来到北京农业职业学院畜牧兽医系工作。孙健老师入职时适逢北京农业职业学院推行“老带新”青年教师导师制，又因其对奶牛疾病防治有着浓厚的兴趣，多年来我们一直在牛场进行技术服务。孙健老师先后作为现代农业产业技术体系北京农业职业学院综合实验站骨干成员、北京市奶牛创新团队侯引绪岗位专家团队成员，从事奶牛疾病临床防治和应急保障工作。不论角色如何转变，他不怕吃苦，勇于实践，在临床一线牛病防治过程中，刻苦钻研，注重理论与实践相结合。

奶牛分娩应激是孙健老师近年来重点研究的专题。作者主要通过一系列的临床动物实验证明了分娩过程中分娩应激的存在，证明了疼痛是分娩应激重要的诱发因素。在此基础上，本书进行了奶牛分娩后注射镇痛药——氟尼辛葡甲胺缓解奶牛分娩应激临床实验，验证了氟尼辛葡甲胺对缓解奶牛分娩应激的有效性和安全性，并观察了分娩后注射氟尼辛葡甲胺对奶牛血液生化指标、生产性能及分娩后疾病发生率的影响。该书数据翔实、推理严谨，为技术人员提供了重要的实验数据资料，具有较高的参考价值。

希望通过该书的出版能为奶牛分娩应激缓解及奶牛围产期疾病的防控提供新知识、新理念、新内容、新技术。

侯引绪

2023年5月

序

看到孙健博士的《奶牛分娩应激》一书问世，很是高兴。谨向作者表示祝贺。

孙健老师2007年毕业于北京农学院动物医学专业，2007年7月来到北京农业职业学院畜牧兽医系工作。孙健老师入职时适逢北京农业职业学院推行“老带新”青年教师导师制，又因其对奶牛疾病防治有着浓厚的兴趣，多年来我们一直在牛场进行技术服务。孙健老师先后作为现代农业产业技术体系北京农业职业学院综合实验站骨干成员、北京市奶牛创新团队侯引绪岗位专家团队成员，从事奶牛疾病临床防治和应急保障工作。不论角色如何转变，他不怕吃苦，勇于实践，在临床一线牛病防治过程中，刻苦钻研，注重理论与实践相结合。

奶牛分娩应激是孙健老师近年来重点研究的专题。作者主要通过一系列的临床动物实验证明了分娩过程中分娩应激的存在，证明了疼痛是分娩应激重要的诱发因素。在此基础上，本书进行了奶牛分娩后注射镇痛药——氟尼辛葡甲胺缓解奶牛分娩应激临床实验，验证了氟尼辛葡甲胺对缓解奶牛分娩应激的有效性和安全性，并观察了分娩后注射氟尼辛葡甲胺对奶牛血液生化指标、生产性能及分娩后疾病发生率的影响。该书数据翔实、推理严谨，为技术人员提供了重要的实验数据资料，具有较高的参考价值。

希望通过该书的出版能为奶牛分娩应激缓解及奶牛围产期疾病的防控提供新知识、新理念、新内容、新技术。

侯引绪

2023年5月

前言

近十年来，随着奶牛规模化养殖的迅速发展，各个牧场对奶牛分娩越来越重视。分娩是个鬼门关，分娩应激是奶牛分娩后诸多疾病的诱发因素。奶牛是一种极能隐忍的动物，以至于让人们忘记了奶牛的分娩疼痛。正确认识分娩应激并采取积极的应激缓解措施，将应激危害降到最低，最大限度地发挥奶牛的生产性能，对推动奶牛生产可持续发展，提高牧场经济效益具有重要的意义。

本书系统综述了国内外在奶牛分娩应激方面的研究现状，并在此基础上开展一系列的实验和研究，获取了相关的数据资料。本书通过 RNA-seq 分析证明了奶牛分娩引起了应激反应；采用酶联免疫吸附测定法、化学法、电感耦合等离子体质谱法检测了应激相关因子，进一步证实了分娩过程存在应激反应；通过分娩后注射镇痛药氟尼辛葡甲胺实验，证明了疼痛是引起分娩应激的诱发因素，也验证了分娩后镇痛对应激反应具有一定的缓解作用；通过产后镇痛临床应用实验，证明了氟尼辛葡甲胺缓解应激的有效性；通过药物代谢动力学实验，证明了产后注射氟尼辛葡甲胺的安全性；通过临床统计分析，证明了分娩后使用氟尼辛葡甲胺对提高奶牛生产性能的有益作用。此外，本书还进行了抗氧化剂对缓解分娩应激的有效性的尝试，初步证实了抗氧化剂对缓解分娩应激的有效性。这些研究为缓解奶牛分娩应激提供了理论依据和技术支持。本书可作为奶牛养殖领域的技术人员、大专院校相关师生和科研院所相关研究人员的参考用书。

感谢北京市自然科学基金项目（No. 6163027）、北京市委组织部优秀人才青年骨干个人项目（No. 2015000020060G130）和奶牛产业技术体系北京市创新团队项目为本研究工作的顺利开展提供的经费保障；感谢中国农业大学动物医学院韩博教授和北京农业职业学院畜牧兽医系侯引绪教授的悉心指导；感谢北京农业职业学院畜牧兽医系张凡建教授、蔡泽川教授、关文怡教授等在动物临床实验中给予的帮助；感谢北京房禧奶牛场、北京双萍养殖有限公司、北京金银岛牧场提供的动物实验场地和条件。本书还参考了众多学者的研究资料，吸收了许多前人的研究成果，在此一并表示衷心感谢。

奶牛分娩应激涉及动物生理学、病理学、免疫学、分子生物学、临床诊断学等学科，是一个极其复杂的过程。由于作者水平有限和研究视野所限，加之时间仓促，我们的研究可能有很多不足之处，恳请读者不吝指教。

孙 健

2023年4月

目录

第一章 奶牛分娩应激概述

第一节 应激与分娩应激

应激(stress)这一概念最早是由 Hans Selye 提出的。他于 1936 年发表在 *Nature* 的一篇短文开启了现代应激的研究,应激被描述为机体对外界,或者内部各种非常刺激所产生的非特异性应答反应的总和。90 多年来,尽管应激的研究在广度和深度上都有了极大的发展,各家对应激的定义在表达方式上有所不同,但应激的基本概念并没有超出 Selye 提出的几点:①应激是由过强,或者有害刺激引起的机体非特异性应答反应;②应激反应有一定的模式,即我们今天所知道的一系列内分泌反应;③应激是机体的防御反应,但在一定条件下可导致疾病,现将其称之为应激性疾病。现代医学认为应激是机体在面临过强,或者有害刺激时为了维持内环境的稳定,对应激原产生的一系列防御性反应。应激会引起糖、脂肪、蛋白质及微量元素的代谢异常。

氧化应激是指生物体在遭受来自体内外的各种刺激时,机体的新陈代谢异常导致了自由基的产生快速增加。这些自由基本来是线粒体在电子传递链反应中细胞呼吸的正常副产物。当其产生速度远远超过机体的清除能力时,自由基会过度蓄积,其中活性氧的过量产生会导致氧化应激,造成组织细胞的损伤。氧化应激被认为是宿主免疫功能失调和炎症反应的一个重要的潜在性因素。

在氧化应激状态下,机体内的生物大分子,如脂类、蛋白质和 DNA,容易受到损害。氧化应激会引起胚胎吸收、复发性流产、先兆子痫、胎儿宫内发育迟缓和胎儿死亡等妊娠相关疾病;还会导致机体免疫功能低下,机体对疾病的易感性增加。资料表明,围产期奶牛极易遭受氧化应激损伤,乳腺炎、胎衣不下、真胃变位、酮病、脂肪肝、子宫内膜炎的发生均与氧化应激损伤有关。但氧化应激本身缺少临床症状,对奶牛的潜在性损伤不易察觉。

分娩应激是指临产母牛在分娩过程中对环境变化、胎儿及母体神经内分泌变化、助产刺激等特殊生理过程中所发生的生理和行为上非特异性反应。分娩应激同样具有两重性：

一方面，机体的一种非特异性防御反应可以提高机体自身的适应能力和维持内环境的稳定；另一方面，如果应激刺激特别强烈，或者时间过久，常因神经系统、内分泌系统功能紊乱引起，或者促使某些疾病的发生，且应激本身也可以造成严重疾患，甚至死亡。

分娩应激是奶牛在每个泌乳期中必须经历的一个最大的生理性应激。这一应激能否在分娩后尽快平复，由分娩状态转变为正常泌乳状态，是决定本胎次泌乳性能高低的一个关键性因素。如何在分娩后有效缓解奶牛分娩应激已成为奶牛养殖者面对的一个瓶颈性技术难题，也成为奶牛养殖者的一个共性技术需求。

第二节　分娩应激产生的原因

一、环境刺激

多数分娩奶牛，特别是头胎分娩奶牛对分娩环境有恐惧反应。临产牛进入产房、接近陌生人、其他动物的惊扰、日粮突然改变和环境温度过高或过低都会引起奶牛的应激反应，并有可能呈现一系列损伤性变化。

二、疼痛刺激

动物也能够感受疼痛，疼痛机制与人相似。疼痛主要表现为拱背、举尾、卧地不起、哞叫、肌肉震颤、食欲差、目光呆滞等。疼痛会对动物的神经内分泌系统和行为造成不良影响。Laven 等对新西兰奶牛兽医进行了问卷调查，受访者被要求用 0～10 分来描述奶牛难产时的疼痛（0 分没有疼痛，10 分最疼），结果表明，奶牛难产时的疼痛指数为 8，剖宫产时为 10。Huxley 等对英国兽医进行了类似的调查，认为奶牛难产时的疼痛指数为 7，剖宫产时为 10。其实，不只是奶牛在难产时存在疼痛，奶牛在正常分娩过程中也伴随着急性疼痛。疼痛是普遍存在的，分娩疼痛是一生中经历的最严重的疼痛之一，是导致分娩应激的主要因素。分娩启动后，子宫收缩、宫颈扩张、阴道及会阴体的机械性扩张与损伤是疼痛的主要来源；子宫的收缩使子宫壁血管暂时受压闭塞，组织缺血、缺氧释放无机离子(如 K^+、H^+)，5-羟色胺、组胺、前列腺素、缓激肽等致痛物质使分娩疼痛加剧，机体在该疼痛的刺激下产生应激反应。在生产实践中，关于分娩过程中的疼痛和应激的报道较少，关于由分娩疼痛引起的应激反应的研究更少。虽然疼痛在奶牛分娩过程中普遍存在，但牛是一种非常坚忍的动物。只有当疼痛非常剧烈时，奶牛才会表现出明显的行为反应，而这些疼痛反应又往往因人们视为“正常的过程”而被忽略。

此外，分娩过程中的奶牛体内激素的变化、环境影响、出血等因素也会引起奶牛应激反应。

三、营养负氮平衡

围产前期，奶牛采食量下降；启动泌乳后，奶牛又消耗大量的营养物质，出现能量负氮平衡，负氮平衡又会导致游离皮质醇水平升高，加重分娩应激。Sordillo(2005)报道，奶牛妊娠末期、分娩及泌乳早期的代谢需要均可使体内活性氧(reactive oxygen species，ROS)的产生增加，大大超出正常水平，而使动物处于氧化应激状态。

第三节　分娩应激的危害

一、分娩应激是诸多疾病和分娩后猝死的诱发因素

分娩应激会导致机体出现微循环缺血、胃肠道运动弛缓、抵抗力降低、代谢性酸中毒和脱水等症状，并能增加乳腺炎、低血钙、酮病、胎衣不下、真胃变位和分娩后瘫痪等疾病的发生率。生产统计表明，奶牛分娩后 0～90d 的死淘数占到牛群总死淘数的 50%；分娩后 0～21 d 的死淘数占到牛群总死淘数的 33.3%。另外，分娩后代谢病、分娩后猝死等问题在奶牛围产后期表现尤为突出。本实验室临床统计，在高产牛群中，奶牛分娩后第 7 天的亚临床型低血钙的发生率为 12%，亚临床型低磷血症的发生率达 12%，亚临床型低血糖症的发生率达 100%，亚临床型高血酮症的发生率达 48%。

二、分娩应激尽快恢复是实现奶牛养殖效益的关键

生产统计表明，奶牛在一个正常泌乳期，分娩后 1～170 d 属于盈利期，170～250 d 为收支平衡期，250 d 以后属于亏损期，其中泌乳早期 21～100 d 的产奶量可占到整个泌乳期产奶量的 50%。因此，围产后期 0～21 d 是决定泌乳盈利期盈利多少的一个关键时期。如果围产后期奶牛健康出现问题，或者处于亚健康状态，奶牛在本胎次将不盈利，或者达不到盈利目标。

三、奶牛分娩应激与本胎次产奶量关系密切

围产后期是奶牛胎次产奶量提升的关键时期。在一个泌乳周期的高峰产奶日，产奶量每提高 1 kg，其胎次产奶量可提高 230 kg 左右。奶牛分娩后的健康状况决定着奶牛高峰日产奶量的高低和高峰产奶日的出现时间。同时，由围产期奶牛健康所导致的最高产奶日出现时间的后移会对产奶量造成一定的影响。此外，如果连续两个泌乳周期的高峰日产奶量达不到高峰，将会导致奶牛终生高峰日产奶量无法提高。

分娩应激是奶牛每一个泌乳周期必须经历的一个最大的应激。这一应激能否在分娩后尽快平复(形成新稳态)，并转变为正常泌乳状态是决定本胎次泌乳性能高低的一个关键因素。如何在分娩后有效缓解奶牛分娩应激已成为奶牛养殖者面临的一个瓶颈性技术难题，也是奶牛养殖者的一个共性技术需求。

第四节　应激的评价指标

国际上对应激的评定缺少统一的标准和用于确定应激程度的客观指标。传统的方法是通过临床症状、生产性能、生理指标来判断，但这些指标均缺少客观性和特异性。

一、皮质醇

皮质醇是动物在应激状态下由肾上腺皮质分泌的糖皮质激素，可增强机体对外部不良环境的适应能力。机体对应激的适应过程可分为警戒期、抵抗期和衰竭期三个时期。在应激反应的抵抗期，应激原仍然存在，机体试图维持环境

的稳定性，此时皮质醇的分泌量增加，机体抗应激功能增强；在衰竭期，当皮质醇水平较高但仍不能克服应激原时，机体的防御力量会耗尽，会对机体的消化、免疫等系统造成不良影响。因此有人认为可以将血清中皮质醇的含量作为应激水平的评价指标。

二、急性期蛋白

在应激时，血浆中的某些蛋白质质量浓度迅速改变，这些蛋白被称之为急性期蛋白（acute phase protein，APP）。它主要包括 C 反应蛋白、铜蓝蛋白、结合珠蛋白、纤维蛋白原和补体成分 C3。APP 是一种很好的奶牛健康监测指标，机体氧化状态、细胞代谢和应激状态的变化均有可能影响血液 APP 的产生，但现有文献对健康奶牛围产期和哺乳期 APP 状态变化的研究较为有限。Debski 等研究发现 C 反应蛋白和结合珠蛋白在奶牛分娩后 1 个月的含量最高；纤维蛋白原在奶牛预产期前几天的质量浓度最高，在哺乳期会逐渐减少；急性期蛋白在奶牛分娩前 1 个月、分娩后 1 个月和哺乳期（分娩后 1～3 个月）的含量存在显著差异。EI-Deeb 等认为炎症和炎性细胞因子的释放激发了急性期蛋白的释放，急性期蛋白可以修复炎症组织，他们认为 APP 和促炎细胞因子可作为分娩后期奶牛酮病的潜在标志物。在正常时，血浆中的 APP 含量很少；在感染、应激、发热时，APP 含量显著增加，也有少数蛋白会减少，这类被称为负急性期蛋白。临床上常选择一个正向 APP 和一个负向 APP 进行同时检测，以提高其准确性。很多因素都可以使血浆 APP 质量浓度发生变化，因此其特异性较差，需结合临床具体分析与综合评价。

三、热休克蛋白

热休克蛋白（heat shock protein，HSP）是指细胞在应激原诱导下新合成或合成增加的一组蛋白质，主要在细胞内发挥作用，属非分泌型蛋白。HSP 可以调节细胞内过程以维持细胞增殖/分化过程中的稳态，具有分子伴侣蛋白的作用，是维持正常细胞功能所必需的。它们在蛋白质和蛋白质的相互作用中起着重要的作用，如帮助建立正确的蛋白质构象（形状），防止不必要的蛋白质聚集，帮助稳定部分折叠的蛋白质等。当细胞暴露于高温、缺氧、缺血、重金属、辐射、炎症、病原微生物等情况下时，热休克蛋白表达增加。应激原通常会引起蛋白质结构的损伤，而热休克蛋白具有修复功能，保护细胞免受蛋白质变性。

HSP70 家族是热休克蛋白家族中最丰富、最保守、最重要的一类。HSP70 是热休克蛋白家族的主要构成群体，可以占细胞总蛋白质含量的 1%，Yaniz 等研究发现妊娠后半期，血清 HSP70 质量浓度与孕龄呈显著正相关。Agnew 等研究发现可以用流式细胞术评定牛羊白细胞 HSP70 的表达，从而评估家畜体内细胞应激反应。HSP70 家族的 HSP72 是诱导型蛋白，通常在细胞遭受应激时产生，有人建议将 HSP72 作为动物应激损伤的评价指标。

HSP90 家族属于一类广泛存在于真核细胞、高度表达，且具有分子伴侣功能的热休克蛋白，可与错误折叠的蛋白相互作用，防止其聚集，与其他分子伴侣共同维持蛋白的完整性，对细胞内稳态和细胞的生存能力至关重要。HSP90 在细胞受到损伤时大幅度增加，并与细胞内的甾体激素受体结合，阻止细胞早熟和无意义的反应。HSP90 在奶牛的乳腺发育和分化中起着重要的作用。在妊娠后期和泌乳早期的乳腺组织中存在高质量浓度的 HSP90。李玉保等研究发现运输应激的程度与热应激蛋白 HSP90mRNA 的转录水平呈明显的正相关，有望成为猪运输应激的判定指标。

四、氧化应激标志物

内源性或者外源性刺激使机体代谢异常而骤然产生大量的自由基，包括活性氧(ROS)和活性氮自由基(RNS)，超过了抗氧化防御体系的还原能力，机体处于氧化应激状态，从而导致组织细胞出现氧化应激损伤。通过检测动物体内的总抗氧化能力(total antioxidant capacity，TAOC)、丙二醛(malondialdehyde，MDA)、总超氧化物歧化酶(total superoxide dismutase，T-SOD)的含量来作为氧化应激状态的评价指标。在机体内，脂类最容易氧化，MDA 是脂质过氧化作用的产物，因此 MDA 经常作为氧化应激损伤的生物标志物。硫代巴比妥酸法(thiobarbituric acid method，TBA)是兽医文献中最常见的检测 MDA 的方法。T-SOD 是内源性抗氧自由基的第一道防线，也是氧化应激反应防御的主要力量，可催化超氧阴离子自由基歧化为过氧化氢酶。Sun 等检测了健康组与酮病组、胎衣不下组、脂肪肝组奶牛在分娩前 20 天、前 10 天、前 1 天与分娩后 1 天、后 10 天、后 20 天血清中 SOD 活性的变化规律，发现健康组奶牛的 SOD 活性在分娩后 1 天比分娩前 1 天略有增加，而酮病组、胎衣不下组、脂肪肝组奶牛的血清中的 SOD 活性在分娩后均呈下降趋势，而且均低于健康组，表明分娩后酮病、胎衣不下和脂肪肝的发生与 SOD 活性的下降有关系。

五、微量元素

微量元素是生命过程中必不可少的营养物质，适当补充微量矿物质可以改善牛的免疫状态和肢蹄健康，还可以改变肠道微生物的定植，从而改善肠道健康。机体内所有的微量元素几乎都参与应激反应。在应激状态下，动物体内微量元素会在不同的组织器官中重新分配，虽然尚不清楚这种重新分配是机体代谢紊乱的表现，还是机体应对应激的保护性反应，但是血液中的微量元素含量的变化可以在一定程度上反映机体的应激状态。研究表明，急性应激后，小鼠全血锌和全血镁的含量会出现显著降低。

(一)锌

锌(Zn)是多种酶的组成成分，参与多种激素的产生、贮存和分泌，对维持机体的正常生命活动具有重要意义。与锌有关的超氧化物歧化酶(SOD)、谷胱甘肽过氧化物酶(glutathione peroxidase，GSH-Px)是机体抗氧化体系的重要组成成分，如锌可激活 GSH-Px，可促进肝脏中的谷胱甘肽转化为氧化型谷胱甘肽。锌还是 SOD 的活性中心。大量研究结果表明，锌是机体抗氧化体系必不可少的组成部分，可减少细胞膜氧化，使超氧阴离子生成减少。机体内的锌不足可导致 SOD 活性降低，不能有效消除 ROS，从而使生物膜出现过氧化损伤。应激会引起体内锌的损耗，锌在体内代谢完成后会随尿排出。滕文锋等报道在应激状态下，小鼠血中的锌含量会下降。其原因可能是机体对锌的需求量增加，血中的锌被转移到其他组织器官发挥其生理作用。

(二)铜

铜(Cu)也是机体必不可少的微量元素，参与机体的代谢，是 SOD、细胞色素氧化酶、铜蓝蛋白、单胺氧化酶等多种酶的组成成分。其中广泛分布于动物机体内的铜锌超氧化物歧化酶(Cu/Zn-SOD)、铜诱导金属硫蛋白和血浆铜蓝蛋白在清除自由基及维持细胞能量代谢方面具有重要作用，可以保护生物组织免受超氧阴离子的破坏。饲料中的铜主要在十二指肠前段被吸收。在正常成年动物体内，铜的贮存量比较稳定，铜在反刍动物组织器官中的分布顺序依次为肝＞肌肉＞骨骼＞皮肤＞血液＞脑。肝脏作为铜代谢的中心器官将吸收的铜主要储备于肝脏。刘继民等报道长期的心理应激使大鼠重要器官的铜水平发生了明显的改变,随着应激的持续,体内的铜水平因消耗过多而逐渐下降。

(三)硒

硒(Se)是重要的食源性微量元素。其主要功能是作为GSH-Px的组分,GSH-Px可以把H_2O_2转化成H_2O,是细胞抗氧化系统中一个重要组成部分。文献报道,在日粮中添加硒可以提高家兔的抗氧化状态和机体的免疫力。许宗运等报道奶牛饲喂酵母硒可降低乳中的体细胞数,可以提高血清中的TAOC的水平,增加GSH-Px和SOD的活性。

(四)镁

镁(Mg)作为酶促反应的辅酶参与体内的主要代谢途径。奶牛血浆中的镁的质量浓度通常在18～24mg/L。谷胱甘肽的合成需要谷氨酰半胱氨酸合成酶和谷胱甘肽合成酶两种酶,这两种酶都需要镁离子作为辅酶,因此镁的缺乏会影响谷胱甘肽的合成。据文献报道,高质量浓度的镁可维持大鼠心肌GSH-Px的活性;邱榕生等报道,镁的缺乏还可使SOD和过氧化氢酶的活性出现明显下降。Kaemmerer等发现,在应激状态下使用葡萄糖酸镁可显著降低大鼠血清中的儿茶酚胺和皮质醇的质量浓度。Martignoni等认为长时间的应激可引起镁的过度消耗,从而导致镁缺乏,镁缺乏则会进一步增加动物对应激的敏感性。

第五节 小结

分娩应激是诸多疾病和分娩后猝死的诱发因素。分娩应激会导致机体出现微循环缺血、胃肠道运动弛缓、抵抗力降低、代谢性酸中毒、脱水等症状,并能增加乳腺炎、低血钙、酮病、胎衣不下、真胃变位、分娩后瘫痪等疾病的发生率。国际上对分娩应激的评定还没有统一的标准,对分娩应激产生的原因也缺少翔实的实验数据。如果我们通过实验对分娩应激的产生机理以及分娩应激、氧化应激、疼痛三者之间的关系做进一步的阐明,并针对分娩应激的产生分别从理论和实践上找到可以有效缓解奶牛分娩应激的措施,对提高奶牛养殖业的生产效益具有较强的应用价值。

第二章

奶牛分娩前后血液差异表达基因的分析

成年母牛疾病主要包括传染病和围产期疾病。在临床实践中发现，奶牛不分娩很少发生疾病，有了分娩就易发病。多数奶牛疾病发生在奶牛分娩前后，围产期疾病的发生与奶牛分娩有着直接的联系。生产统计表明，奶牛分娩后0～90天的死淘数占到牛群总死淘数的50%；分娩后0～21天的死淘数占到牛群总死淘数的33.3%。奶牛围产期(分娩前21天至分娩后21天)是奶牛生产周期的高危时期。这一时期的奶牛免疫功能低下，其对胎衣不下、子宫炎、真胃变位、酮病和乳腺炎等疾病的易患性明显增加。这些疾病不仅会增加治疗费用，还会对奶牛的健康、寿命和未来的生育能力产生长远的影响。

分娩是整个围产期的中间点，是个特殊的生理过程，这一生理过程对母体引起的应激反应称为分娩应激。分娩后的母牛身体虚弱，免疫功能明显降低，因此有人认为分娩应激是奶牛围产期疾病发生的导火索，分娩应激导致了潜在的奶牛围产期疾病的暴发。因此，减轻分娩应激对奶牛健康的不利影响，尽快使奶牛恢复至新的平衡状态已成为奶牛养殖者的共性技术需求。

我们推测是分娩导致了剧烈的应激反应，分娩应激诱发了奶牛围产期疾病的发生。为了验证这一假设，我们分别采集分娩前、分娩后的奶牛的血液，提取总RNA，反转录之后进行了高通量转录组测序，获得分娩前、分娩后的差异表达基因。

第一节　实验奶牛的选取

实验动物选自北京郊区某奶牛场，选取临床健康、无胎衣不下、难产及其他疾病史、体况正常(体况评分3.0～3.5)、2～5胎的临近预产期奶牛，常规饲养管理，全混合日粮(TMR)饲喂，自由采食，奶牛在分娩前1天进入待产圈，分娩后在产房监护 7 d。分别于分娩前(有分娩征兆并结合预产期判断)和分娩后(胎衣正常排出后)使用含抗凝剂的采血管进行尾静脉采血,冰盒低温保存送至实验室,立即进行 RNA 提取,记录每头采血奶牛的分娩情况及分娩后疾病发生情况,非自然分娩者淘汰;分娩后发生胎衣不下、发热及分娩后 3 周内有子宫内膜炎、酮病、乳腺炎等疾病者淘汰。最后筛选出 5 头奶牛的 RNA 样品,取得分娩前血液 RNA 样品 5 份,分娩后血液 RNA 样品 5 份。实验选取奶牛详细记录见表 2-1。

表 2-1 实验奶牛情况记录

编号	胎次	助产否	胎衣落否	产程	分娩后疾病
120414	3	否	脱落	自产	无
140018	2	否	脱落	自产	无
11684	3	否	脱落	自产	无
11667	3	否	脱落	自产	无
130087	2	否	脱落	自产	无

第二节 血样 RNA 的提取及质量检测

按照血液总 RNA 提取试剂盒(离心柱型)操作说明提取分娩前后经产奶牛血样总 RNA,DEPC 处理水溶解,用 Nanodrop1000 核酸蛋白测定仪测定总 RNA 的质量浓度和纯度,测定后于－80 ℃冰箱保存备用。

在 RNA 提取后,每个样品用 50 μL 灭菌水溶解,用 Nanodrop 及 qubit 进行完整的质量浓度和质量检测。按照每个样品的质量浓度,将分娩前和分娩后的样品分别按等质量值进行合并,加入 RNA 保护剂后于－80 ℃冰箱冷冻保存,备用。分娩前和分娩后 RNA 的质量浓度结果见表 2-2,分娩前和分娩后 RNA 样品用 1%琼脂糖电泳检测,结果见图 2-1。

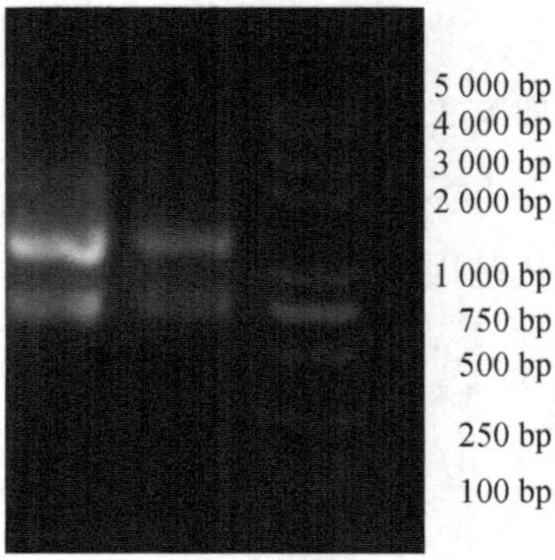

左为分娩前;中为分娩后;
右为分子标记。

图 2-1 RNA 琼脂糖电泳

表 2-2　RNA 样品质量浓度及纯度检测结果

样品编号	样品名称	质量浓度/(ng/μL)	OD260/OD280	OD260/OD230	体积/μL	总量/μg
C1	分娩前	233.2	1.81	1.87	112	26.1
C2	分娩后	205.6	1.93	1.76	153	31.5

第三节　奶牛血样 RNA 转录组测序数据质控及组装分析

总 RNA 样本经 DNase I 处理消除其中的基因组残留，利用 oligo(dT)从总 RNA 中分离纯化出 mRNA，然后将 mRNA 剪切成小片段，加入随机六碱基引物进行 cDNA 合成。cDNA 的合成、接头链接和 PCR 扩增等均参考二代测序快速 DNA 建库试剂盒(Illumina)说明书方法进行操作。采用第二代高通量测序平台 Illumina Hiseq2500 进行双末端(paired-end)测序，测序长度 2×100 bp。

一、数据质控及 clean data 的获得

利用 FastQC 软件对测序仪提供的原始数据 fastQ 文件进行 reads 碱基质控。质控操作包括低质量值碱基的去除(Q_{20})、短 reads 的去除、测序接头的去除及 single reads 的去除等。具体的质控标准如下。

①去除含 N 的碱基比例 5%以上的 reads。

②去除碱基长度低于 50 bp 的 reads。

③去除连续 5 个碱基的平均 Q 值低于 20 的碱基，出现在 reads 中间的，则去除整个 reads。

④去除测序接头序列，两端、正反向筛查。

⑤筛选 PE 文件中成对的 reads，去除 single reads。

经上述操作后获得的 reads 集成为可进一步分析的 clean data。后续数据分析基于以上步骤筛选获得的 clean reads。

二、转录组数据的组装

使用 Trinity_v2.4.0 软件对两组 clean data 的所有 reads 进行转录本从头组装(transcriptome de novo assembly)。软件共包括以下三个模块。

①Inchwrom，构建 k-mer 库将 reads 形成 contigs。

②Chrysalis，将 contigs 构建出 component，建立 de BJ。

③Bufferfly，优化 de BJ，形成最后的 transcripts。组装参数采用软件默认参数（选取 transcript 长度＞200 bp）。最后获得的转录本经序列去冗余处理后，抽取最长转录本作为参考 unigenes。

三、转录本 unigene 的基因注释及功能分类统计

利用 blastx 算法，对获得的 unigenes 进行基因注释，与 NCBI 数据库进行比对，选择蛋白非冗余数据库（nr database），参数为 1e-5。

（一）转录组测序原始数据及质控

分娩前数据总量约为 3.7 G，配对 reads 数量为 16 M；分娩后数据总量为 3.8 G，配对 reads 数量为 18 M（表 2-3）。

表 2-3　RNA-seq 数据统计

样品	质控前碱基数	PE 配对数	净数据/bp
分娩前	pe1 1 952 233 220	16 937 610	1 600 831 240
	pe2 1 821 648 449		1 561 532 821
分娩后	pe1 2 150 895 193	18 581 323	1 742 225 106
	pe2 2 008 158 654		1 6231 662 598

（二）转录组数据组装

采用 trinity 软件对质控后的 clean data 进行转录本组装，共获得 83 393 条 transcripts，最长 transcripts 长度为 6 134 bp。经去冗余处理后（＞200 bp）获得 38 466 个 unigenes，N50 长度为 1 091 bp，平均长度为 664 bp。

（三）奶牛血液转录组 unigenes 的功能分析

1. Blast 比对分析

将 38 466 个 unigenes 采用 blastx 比对 NCBI nr 数据库，比对出序列共 36 542 条，约占总 unigene 的 95%。其中，比对相似性最高的前两位物种是 *Bos taurus*、*homo sapiens*。

2. Unigene 的蛋白功能注释

GO 富集分类分析共分三个方面：生物学过程（biology process，BP）；分子功能（molecular function，MF）和细胞成分（cell component，CC）。在 BP 分类中，与 metabolic process 相关的基因占多数(约 22.3%),其次是与 cellular process 相关的基因(约占 20.7%);在 MF 分类中,与 catalytic activity 相关的基因数量最多(约占 21%),其次是与 binding 相关的基因(约占 15.7%);在 CC 分类中,基因数量最多的是与 membrane 相关的基因(约占 10.5%),其次是与 cell part 相关的基因(约占 7.5%)。在 GO 分类中,一些与代谢和细胞过程相关的基因参与多个 GO 富集过程。在 NOG 基因功能分类中,与信号转导相关的基因占多数(21.14%)。

四、分娩奶牛血液 unigene 的 KEGG 代谢通路

用 KEGG 代谢数据库注释的奶牛 unigene 数共 21 678 个,在代谢分类中,主要是碳水化合物代谢(carbohydrate metabolism)(3.6%);在环境信息分类中,主要是信号转导通路(8.2%);在机体组成中,主要是免疫系统相关代谢(7.2%)和神经系统相关(5.7%)(表 2-4)。通过 KEGG 注释,血液 RNA 转录组数据库为确认奶牛分娩相关功能性基因以及分析特异性代谢特征提供了重要的依据。

表 2-4 KEGG 统计

KEGG 类别	Unigene 数量/个
新陈代谢	
碳水化合物代谢	791
能量代谢	323
脂质代谢	528
核苷酸代谢	424
氨基酸代谢	540
其他氨基酸的代谢	144
甘氨酸的生物合成和代谢	373
辅因子和维生素的代谢	213
萜类化合物和聚酮类化合物的代谢	29
其他次级代谢产物的生物合成	56
外来生物的生物降解和代谢	147
遗传信息处理	
转录	263
翻译	571

续表2-4

KEGG 类别	Unigene 数量/个
遗传信息处理	
折叠、分类和降解	680
复制和修复	369
环境信息处理	
膜运输	85
信号转导	1 774
信号分子与相互作用	520
细胞过程	
运输与分解	762
细胞运动	300
细胞生长与死亡	707
蜂窝通信	779
生物体系统	
免疫系统	1 563
内分泌系统	745
循环系统	226
消化系统	615
排泄系统	260
神经系统	1 229
感官系统	109
生长发育	404
环境适应性	77
疾病	
癌症	2 289
免疫性疾病	236
神经退行性疾病	712
药物依赖性	350
心血管疾病	322

续表2-4

KEGG 类别	Unigene 数量/个
疾病	
内分泌和代谢疾病	101
传染病	2 062

第四节　分娩前后血液表达差异基因

Trinity 软件 denovo 组装后的 transcripts 作为转录组基因表达分析的参考序列。利用定量分析软件 RSEM_V1. 3 对 clean data 数据 map 到 transcripts 上，调用 bowtie 2 默认参数。将奶牛分娩前后转录组数据分别 map，获得转录本上的 read count，然后进行 FPKM(expected number of Fragments Per Kilobase of transcript sequence per Millions base pairssequenced)转换，获得该基因的表达水平。对无生物学重复的样品基因表达进行定量后，采用 TMM 对 read count 进行标准化处理，调用 DEGSeq 2 模块进行分娩前后两个时期血液基因的表达差异分析，并进行 Q-value 和 Foldchange 差异显著性统计。Q-value 即校正后的 P-value，Q-value 越小，表明基因表达差异越显著。

奶牛分娩前后血液 RNA-Seq 差异表达基因共 2 998 个，其中下调的转录表达基因共 2 065 个，上调的转录表达基因共 933 个。注释到 KEGG 数据库中的差异基因共 1 786 个，差异表达基因富集通路共 13 条。参与体内信号转导代谢通路的 3 个，参与免疫系统相关的通路共 8 个，参与营养因子代谢的共 2 个。表 2-5 为分娩前后部分基因的差异表达情况。

表 2-5　分娩前后部分基因差异表达情况

差异表达基因	分娩前后变化情况
PI3KR2	Up-regulated
CDC42 kinase	Up-regulated
CDC2 small effector 1	Up-regulated
GRB2 partial	Up-regulated
SH2 domain-binding 1 isoform X3	Up-regulated
SHC-transforming protein 1 isoform b/SHC-transforming protein 1 isoform X5	Up-regulated

续表2-5

差异表达基因	分娩前后变化情况
Achain solution structure of the c-terminal Sh3 domain of C-Crkii	Up-regulated
JNK1-associated membrane protein	Down-regulated
TRAF2- and nck-interacting kinase with wee1chk1 Inhibitor	Up-regulated
RIP3 gamma	Up-regulated
DAXX protein	Up-regulated
Serine/threonine-protein kinase TAO1	Down-regulated
Serine threonine- kinase WNK1 isoform X1	Up-regulated
MAP3K2 protein	Up-regulated
MAP3K12-binding inhibitory 1	Down-regulated
MAP2K2 protein	Up-regulated
Heat shock protein 90kDa α	Up-regulated
Heat shock protein 60 kDa, mitochondrial-like	Up-regulated
Heat shock protein 105 kDa isoform 3	Up-regulated
Heat shock factor binding 1	Up-regulated
Complement receptor short form 605	Up-regulated
Nuclear factor erythroid 2-related factor 3	Up-regulated
Basic leucine zipper nuclear factor 1	Up-regulated
Interferon regulatory factor 2-binding 1	Down-regulated
Interferon regulatory factor 1	Down-regulated
Interferon regulatory factor 9	Up-regulated
Interferon regulatory factor 3 isoform X1	Down-regulated
Coagulation factor V precursor	Up-regulated
Toll-like receptor 8	Up-regulated
Toll-like receptor 10	Up-regulated
Toll-interleukin 1 receptor	Up-regulated
Toll-like receptor 3	Up-regulated
Toll-like receptor 2 isoform X2	Up-regulated
GABA(A) receptor-associated -like 2	Up-regulated

续表2-5

差异表达基因	分娩前后变化情况
Heme oxygenase 2	Down-regulated
Heme oxygenase (decycling) 1	Down-regulated
Squalene monooxygenase	Up-regulated
Calcitonin gene-related peptide type 1 receptor	Down-regulated
Calcitonin gene-related peptide-receptor component protein	Down-regulated

第五节　差异表达基因的 qPCR 验证

通过转录组测序分析获得的差异表达基因，qPCR 实验需要进一步确证。根据差异表达基因的 ID 号找到相应的 unigene 序列，根据 unigene 采用 primer 6.0 软件设计荧光定量 PCR 引物，利用 BLAST 工具检测引物的特异性，由北京擎科新业生物科技有限公司合成，使用前，用灭菌超纯水将引物冻干粉溶解，配制成 10 μmoL/L 的储备液，−20 ℃保存。

该实验从 unigene 中选取了 12 个免疫相关基因序列进行 qPCR 实验验证。这些验证的基因分别为 Heat shock protein 90 α(*HSP90α*)；complement component 3(*C3*)；Calcitonin related polypeptide β(*CALCB*)；Heat shock factor binding protein 1(*HSBP1*)；Toll like receptor 2(*TLR2*)；Toll like receptor 3 (*TLR3*)；Phosphoinositide-3-kinase regulatory subunit 2(*PI3KR2*)；Mitogen-activated protein kinase kinase kinase 2(*MAP3K2*)；TAO kinase 1(*TAOK1*)；MAP3K12 binding inhibitory protein 1(*MBIP*)；CDC42 small effector 1 (*CDC42SE1*)；GABA type A receptor associated protein like 2(*GABA-A*)。实验所用的基因和引物序列信息详见表 2-6。

表 2-6　qPCR 所用基因及引物序列

基因名称	引物序列	产物大小/bp	分娩前/后表达变化
Calcitonin related polypeptide β (*CALCB*)	For：AGTCTCCAGGCGACACCACTCA rev：TCCTTCCAGTAAGCACTCAGCACAC	239	Up-regulated

续表2-6

基因名称	引物序列	产物大小/bp	分娩前/后表达变化
Complement component 3(*C3*)	for:ATCCAGACGGACAAGACCATCTACAC rev:GGAGAAGACCTGCTGCGGAGAAT	264	Up-regulated
CDC42 small effector 1(*CDC42SE1*)	for:GGCAGTCAAGGCACAAGAACAAGAG rev:TGGACAGAGTGGAGGCTGGACA	359	Up-regulated
Heat shock protein 90α(*HSP90α*)	for:GGAGAGTTCTACAAGAGCCTGACCAA rev:TCCTCAGAATCCACCACACCTCTAATG	251	Up-regulated
Heat shock factor binding protein 1 (*HSBP1*)	for:AACGGAAGTATAGGTGAAGGTCTGAGG rev:GCTATGTTCTTCTCCAGGTCATCAATGC	213	Up-regulated
Toll like receptor 2 (*TLR2*)	for:CCGATGACTACCGCTGTGACTCTC rev:CGTGAGCAGGAGCAACAGGAAGA	140	Up-regulated
GABA type A receptor associated protein like 2 (*GABA-A*)	For:CCGCCGCCTATGAAGTGGATGT rev:TCAACAATCTGAGAGCCTGAGACCTT	137	Up-regulated
Toll like receptor 3 (*TLR3*)	for:GACACAATCAGCCACACGACCTTC rev:CGTCTCAAGTCCAGGCGTCTCAA	212	Up-regulated
Phosphoinositide-3-kinase regulatory subunit 2(*PI3KR2*)	for:GCATTGCCGAGATCCACGAGAGT rev:ATGAGGTCTGGCTTGAGGCTGTTC	112	Up-regulated
Mitogen-activated protein kinase kinase kinase 2(*MAP3K2*)	for:ACAAGGCTGTGGAACTGCTGGAT rev:GCAACCTGGTGTAACTCATCTGGAATG	235	Up-regulated

续表2-6

基因名称	引物序列	产物大小/bp	分娩前/后表达变化
TAO kinase 1(*TAOK1*)	for:TGGACGGACAGGAACAGTGAATAGC rev:CGAGATACTTGAGGTGGAGATTGTGGAT	264	Down-regulated
MAP3K12 binding inhibitory protein 1(*MBIP*)	for:CCATTGGAGACCTGGAAGAGGAAGAA rev:GCCTGATTACCACAATCTCGGAGCAT	382	Down-regulated

样品来源于转录组测序剩余样品，选取分娩前后各 5 个血液总 RNA 为模板，将 RNA 模板 65 ℃孵育 5 min，冰浴 2 min，按照表 2-7 反转录反应体系操作，37 ℃孵育 15 min，50 ℃孵育 5 min，96 ℃加热 5 min。转录得到的 cDNA 冷冻保存。

表 2-7 反转录反应体系

成分	加样体积/μL
5×M5 RT super mix	4
RNA 模板	4
DEPC H_2O	12
合计	20

扩增程序：95 ℃预变性 60 s；95 ℃，15 s；60 ℃，15 s；72 ℃，45 s 共 40 个循环，反应结束后绘制溶解曲线，检测扩增引物的特异性。以 *β*-actin 为内参基因，采用 $2^{-\triangle\triangle CT}$ 法计算相对表达量，进行 t 检验，$P<0.05$ 为差异显著。分娩前和分娩后两个组，每个分组 5 个样品，每个样品 3 次重复。qPCR 扩增体系见表 2-8。

表 2-8 qPCR 扩增体系

成分	加样体积/μL
2×Realtime PCR super mix	10
for primer(10 μmoL/L)	0.5
rev primer(10 μmoL/L)	0.5

续表2-8

成分	加样体积/μL
cDNA	2
DEPC H_2O	7
合计	20

如图 2-2 所示，这些基因的表达水平各不相同。*TLR2* 基因表达量最高，*PI3KR2*、*GABA-A* 和 *HSP90α* 基因次之，而 *TAOK1* 和 *MBP1* 基因表达量最低；其余基因也都呈现出高低不同的表达量。在 12 个差异基因中，只有 MAP3K12 binding inhibitory protein 1（*MBIP*）的表达与 RNA-seq 结果不一致。RNA-seq 结果显示，分娩后与分娩前相比，该基因出现明显的下调，而 qPCR 结果显示，差异不显著。其余 11 个差异表达基因与 RNA-seq 结果一致。该结果验证了 RNA-seq 的准确性和可靠性。

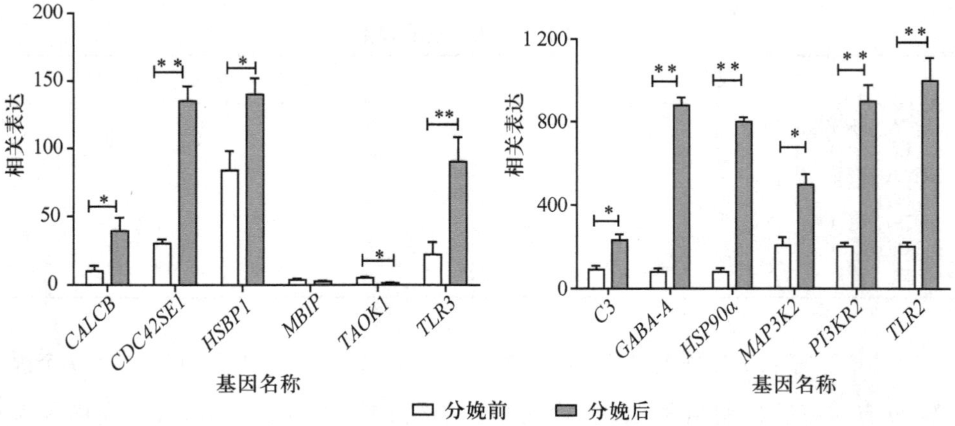

* 表示差异显著（$P<0.05$）；* * 表示差异极显著（$P<0.01$）。

图 2-2 差异表达基因的 qPCR 验证结果

第六节 奶牛分娩前后血液差异表达基因的分析与探讨

一、分娩与应激指标

（一）热休克蛋白

热休克蛋白可以提高细胞耐受性，能使动物迅速适应环境的变化，对细胞具有保护和修复作用，可保护机体免受损害。近年来的研究发现，机体在受到有害刺激时最先表现为 HSPs 表达水平的提高，HSP 常常被作为早期的预警标志应用于生态风险评价。一般认为，HSPs 的高表达有利于细胞内环境的稳定，但 HSPs 的表达量增加也体现了细胞损伤程度的增加。

HSP70 是热应激蛋白家族的主要构成群体，动物在受到外界有害刺激时，体内 HSP70 诱导表达最明显。文献表明，HSP70 高表达可以有效保护应激机体的心肌组织，高温应激能引起 HSP70 的高表达，如果未出现 HSP70 的高表达，动物中暑的风险性会更大。Aggarwal 等研究发现高产奶牛经历分娩则可导致细胞内 HSP70 质量浓度增加，给围产期奶牛补充 α-醋酸生育酚，其血浆 HSP70 质量浓度显著下降。在该实验中，奶牛血液转录组基因注释中发现了 6 类热休克蛋白，主要包括 HSP10、HSP27、HSP60、HSP70、HSP90、HSP105 等，其中以 HSP70 蛋白居多，包括 HSP70-13、HSP70-14、HSP70-1A、HSP70-4 以及 HSP70-8，但 HSP70 分娩前后基因表达差异并不显著，与上述文献的报道不一致，其原因有待于进一步研究。

HSP90 也是与应激耐受紧密相关的保护性分子，对维持细胞内稳态和细胞的生存能力至关重要。HSP90 包括 HSP90α 和 HSP90β 两个亚型，其生物学功能相似，HSP90α 能够被诱导表达，而 HSP90β 不能被诱导。在正常情况下，细胞内的 HSP90 蛋白表达较低；在应激情况下，HSP90 表达水平增高，可与多条细胞信号转导通路的关键分子相结合，使细胞遭受的应激损害减轻，从而维持内环境的稳定。在该次实验中，HSP90α 分娩后的基因表达出现了明显上调。在经 qPCR 验证过程中，HSP90α 分娩前后差异表达极为显著（$P<0.01$），表明分娩过程存在应激反应，分娩诱导了 *HSP90α* 基因的表达上调。

（二）急性期蛋白

补体成分 C3 是补体系统的中心成分，可触发适应性免疫调节，也属于急性期蛋白的一种。应激时，补体成分 C3 在血浆中的质量浓度可升高 50%左右。在该实验中发现，分娩后补体成分 C3 的表达出现了上调，表明分娩前后可能发生了应激反应。目前，我们对补体成分 C3 的了解还比较有限，补体成分 C3 在分娩及应激中的作用尚待进一步研究。

（三）其他应激相关因子

受体相互作用的蛋白家族（RIPs）在细胞受到外界环境胁迫时会引发一系

列下游的级联反应，发挥调节细胞死亡或存活的作用，RIP 被称为应激传感分子。在该实验中发现，分娩后 RIP_3 表达上调，表明分娩过程的应激反应可能诱发了 RIP_3 的表达上调。

在高等脊椎动物细胞中，通过细胞表面的模式识别受体(PRR)来特异性识别病原相关分子，从而启动下游一系列免疫应答，而 Toll 样受体(TLR)是 PRR 家族中的重要受体分子之一，在免疫应答过程中具有重要作用。在该实验中发现，奶牛血液转录组基因中共有 17 种 *PRR*，包括 *Tollip*、*TCAM1*、*TLR2*、*TLR1*、*TLR 4*、*TLR7*、*TLR8*、*TLR10* 等，奶牛在分娩后的 *TLR2* 和 *TLR3* 基因转录均出现了明显上调，表明分娩影响了机体免疫功能。

二、分娩与疼痛

γ-氨基丁酸(gamma-aminobutyric acid，GABA)对机体的多种功能具有调节作用。陈忠等报道 GABA 参与肉鸡热应激的调节作用；徐同铜等发现日粮添加 GABA 可抑制下丘脑-垂体-肾上腺轴激素的分泌，对应激有一定的缓解作用。GABA-A 受体和 GABA-B 受体与疼痛密切相关，GABA-A 受体和 GABA-B 受体得到抑制后会起到镇痛作用，引起痛阈的升高。在该实验中发现，奶牛血液转录组基因中的 GABA-A 受体在分娩后会明显上调，表明分娩过程中有疼痛的存在。

三、分娩与应激相关信号转导通路

PI3K/Akt 信号通路是细胞内重要信号转导通路，具有抑制凋亡、促进增殖的作用。PI3K 被激活有几种方式：一是一些生长因子可以依赖受体酪氨酸蛋白激酶与 PI3K、P85 亚基的 SH2 域相互作用活化 PI3K；二是一些刺激导致非受体酪氨酸蛋白激酶与 P85 亚基的 SH2 域相互作用使 PI3K 活化；三是在某些情况下，受体相关的接头蛋白 Shc、Gab1 被招募到活化的受体酪氨酸蛋白激酶，活化 Rac、CDC42、Ras 等并作用于 P85 亚基的 Bcr 域，再使 PI3K 活化。在该实验中发现，分娩后的 *Shc*、*CDC42*、*PI3KR2* 基因表达均出现了上调，表明在分娩的刺激下，受体相关接头蛋白 Shc 被招募到活化的受体酪氨酸蛋白激酶，活化了 CDC42，最终使 PI3K 活化。

JNK 信号通路的激活因素主要包括炎症、损伤、应激、高渗透压、紫外光、高热、缺血再灌注损伤、氧化损伤、转化因子、生长因子、细胞因子（TNF-α、TRAF2）等，JNK 经 MAPKKK/MAPKK/MAPK 级联反应被激活。在应激条件下，TRAF2 和 CDC42 可以激活 MAPKKK，继而激活 JNK。JNK 入核后可作用于下游转录因子，如 C-jun，ATF-2、Smad4、HSF1 等，提高基因转录活性，产生保护蛋白，抗应激，使细胞维持稳态，细胞得以修复。在该实验中发现，分娩后该信号通路中的 *TRAF2* 和 *CDC42* 基因表达均出现了上调，表明该通路被激活。

第七节　小结

通过上面的实验，我们发现分娩引起了应激相关 *HSP90α* 和 *PI3KR2* 基因表达上调，激活了应激相关的 PI3K/AKT 和 JNK 信号转导通路，表明分娩过程存在应激反应；分娩过程疼痛相关基因 *GABA-A* 受体的表达上调，表明分娩中有疼痛的存在。

第三章

奶牛分娩前后应激相关指标的变化

我们对分娩前后血液样品的 RNA-seq 研究发现应激相关基因 *HSP90* 及应激相关信号传导通路上的基因表达均出现了差异，表明了分娩过程存在应激。为了进一步验证分娩会引起奶牛应激相关指标的变化，我们采用酶联免疫吸附测定法检测分娩前后奶牛血清中皮质醇（cortisol）、热休克蛋白（HSP72、HSP90）的含量；采用硫代巴比妥酸法（TBA）检测血清中丙二醛（MDA）的含量；采用比色法检测血清中总抗氧化能力（TAOC）的含量；采用电感耦合等离子体质谱法（ICP-MS）测定血清中的微量元素 Cu、Zn、Se 和 Mg 含量。

动物实验在北京郊区某奶牛场进行。选取临床健康，体况正常（体况评分 3.0～3.5），2～5 胎次，无胎衣不下、难产及其他疾病史，距离预产期 10 天的经产母牛作为研究对象；常规饲养管理，按照全混合日粮（TMR）饲喂，自由采食。非自然分娩以及分娩后 21 天内有疾病发生者淘汰。分娩前 1～2 天进入产房，分娩后产房内监护 7 d。

实验采用单因素实验设计。对围产期经产母牛分别于分娩前 7 天至分娩后 7 天每天尾静脉采血 1 次（每天上午 7:30～8:00 采血），8～10 mL/次，血样 37 ℃放置 1 h 后，2 000 r/min 离心 10 min，分离血清，4 ℃保存待测。非自然分娩或者分娩后 21 天内有疾病发生者淘汰。经筛选后得到 10 头奶牛的血清样品，检测分娩前后应激相关因子的变化规律。

第一节　奶牛分娩前后应激相关指标的含量变化规律

血清中皮质醇、HSP72、HSP90 含量采用商品化 ELISA 试剂盒（双抗体夹心法）检测；血清中 MDA 含量由商品化的试剂盒（TBA）检测；血清中 TAOC 含量采用商品化的试剂盒（比色法）检测；血清中 T-SOD 含量采用商品化的试剂盒(羟胺法)检测。

血清中皮质醇 HSP72/HSP90 含量的计算可根据标准品的质量浓度对应的 OD 值拟合标准曲线,计算出回归方程。将样品 OD 值代入回归方程,得出相应的样品的质量浓度。

①血清 MDA 含量计算。

$$\text{血清(浆)中 MDA 含量(nmoL/mL)}=\frac{\text{测定 OD 值}-\text{对照 OD 值}}{\text{标准 OD 值}-\text{空白 OD 值}}\times\text{标准品质量浓度(10 nmoL/mL)}\times\text{样品测试前稀释倍数}$$

②血清 TAOC 活力计算公式。

$$\text{总抗氧化能力(U/mL)}=\frac{\text{测定 OD 值}-\text{对照 OD 值}}{0.01}\times 30\times\frac{\text{反应液总量}}{\text{取样量}}\times\text{样品测试前的稀释倍数}$$

③血清 T-SOD 活力计算公式。

$$\text{T-SOD 活力(U/mL)}=\frac{\text{对照 OD 值}-\text{测定 OD 值}}{\text{对照 OD 值}}\div 50\%\times\text{反应体系的稀释倍数}\times\text{样本测试前的稀释倍数}$$

经产奶牛分娩前 7 天至分娩后 7 天血清中皮质醇、MDA、TAOC、T-SOD、HSP72 和 HSP90 的含量见表 3-1。经产牛分娩前 7 天至分娩后 7 天血清中皮质醇、MDA、TAOC、T-SOD、HSP90 和 HSP72 的含量的变化曲线见图 3-1。结果表明,分娩前后血清中皮质醇、MDA、TAOC、T-SOD、HSP90 和 HSP72 的含量均呈现上升的趋势。分娩后 1 天与分娩前 1 天相比,其血清中 MDA、TAOC、T-SOD、HSP90 的含量均出现明显的升高($P<0.05$);皮质醇和 HSP72 的含量也出现了上升,但差异不显著($P>0.05$)。

经产奶牛血清中皮质醇、MDA、TAOC、T-SOD、HSP72 和 HSP90 的含量分娩前 7 天的平均值与分娩后 7 天的平均值的比较结果见表 3-2 与图 3-2。结果表明,血清中皮质醇、MDA、TAOC、T-SOD 和 HSP90 分娩后 7 天的平均水平显著高于分娩前 7 天的平均水平($P<0.01$);HSP72 的含量分娩前 7 天与分娩后 7 天的平均水平差异不显著($P>0.05$)。

表 3-1　分娩前后 7 天血清中皮质醇、MDA、TAOC、T-SOD、HSP72 和 HSP90 的含量水平

分娩时间	皮质醇/(μg/L)	MDA/(nmol/L)	TAOC/(U/mL)	T-SOD/(U/mL)	HSP72/(μg/L)	HSP90/(μg/L)
分娩前 7 天	86.92±6.07	6.43±0.98	6.06±1.03	112.73±6.98	8.57±1.43	8.11±0.84
分娩前 6 天	83.47±9.55	6.37±1.27	5.76±0.75	111.21±4.24	8.42±1.29	8.18±0.97
分娩前 5 天	82.55±8.19	6.49±1.11	6.15±0.80	114.69±9.29	8.61±1.48	8.39±0.58
分娩前 4 天	86.92±7.74	6.45±0.62	6.30±0.67	115.75±8.79	8.51±1.81	8.07±1.22
分娩前 3 天	85.11±7.40	6.10±0.87	6.34±0.68	110.64±6.69	8.74±1.44	7.94±0.91
分娩前 2 天	88.33±8.79	6.25±0.83	5.91±0.66	111.84±8.18	8.47±1.72	8.04±0.59
分娩前 1 天	86.39±5.28	6.24±0.65[a]	5.94±0.43[a]	112.67±5.16[a]	8.83±1.29	8.19±0.73[a]
分娩后第 1 天	89.82±6.90	6.90±0.73[b]	6.54±0.73[b]	119.40±8.21[b]	9.07±0.62	8.80±0.53[b]
分娩后第 2 天	90.60±6.35	6.92±0.68	6.87±0.97	120.07±7.72	8.77±0.96	8.72±0.91
分娩后第 3 天	89.04±8.93	6.79±0.43	6.90±0.83	118.60±9.60	8.39±1.10	8.78±1.16
分娩后第 4 天	88.65±8.36	6.94±0.80	6.79±1.20	120.25±6.83	8.36±1.07	8.41±0.54
分娩后第 5 天	89.47±5.88	6.47±0.95	6.45±0.73	118.34±7.95	8.53±0.85	8.56±0.94
分娩后第 6 天	87.60±7.74	6.48±1.15	6.67±0.53	119.52±9.69	8.32±0.93	8.79±0.70
分娩后第 7 天	88.80±4.54	6.45±0.79	6.34±0.60	117.44±5.96	8.38±1.41	8.56±0.69

注：Mean±SD，($n=10$)；比较分娩前 1 天与分娩后 1 天，同列数据肩标小字母不同表示差异显著($P<0.05$)。

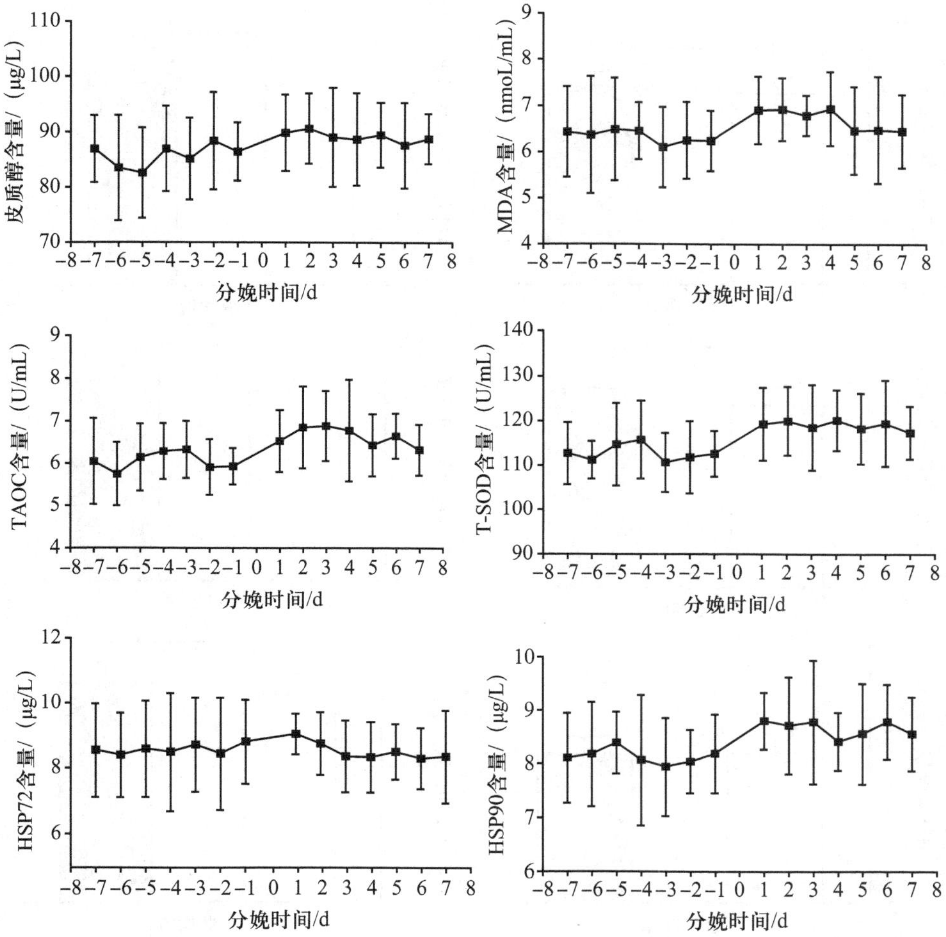

图 3-1　分娩前后 7 天血清中皮质醇、MDA、TAOC、T-SOD、HSP72 和 HSP90 含量变化曲线

表 3-2　分娩前后 7 天皮质醇、MDA、TAOC、T-SOD、HSP72 和 HSP90 的含量均值比较

分娩时间	皮质醇/（μg/L）	MDA/（nmol/L）	TAOC/（U/mL）	T-SOD/（U/mL）	HSP72/（μg/L）	HSP90/（μg/L）
分娩前 7 天均值	85.67±7.60^{A}	6.33±0.90^{A}	6.07±0.73^{A}	112.79±7.14^{A}	8.59±1.44	8.13±0.83^{A}
分娩后 7 天均值	89.14±6.84^{B}	6.71±0.81^{B}	6.65±0.81^{B}	119.09±7.79^{B}	8.55±1.01	8.65±0.79^{B}

注：Mean±SD，(n=70)；同列数据肩标大字母不同表示差异显著(P<0.01)

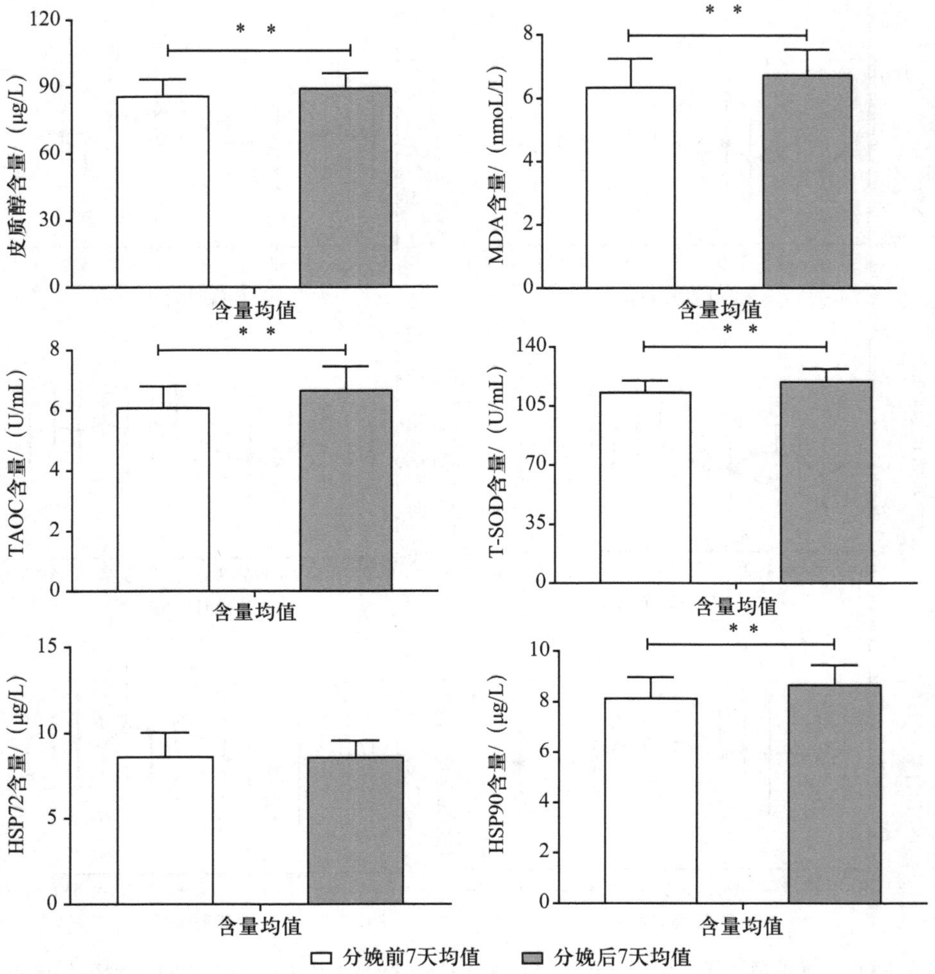

* 表示差异显著（$P<0.05$）；* * 表示差异极显著（$P<0.01$）。

图 3-2　分娩前后 7 天血清中皮质醇、MDA、TAOC、T-SOD、HSP72 和 HSP90 的含量均值比较

第二节　奶牛分娩前后血清中 Zn、Cu、Se 和 Mg 含量的变化

奶牛血清中 Zn、Cu、Se、Mg 等微量元素的含量采用 ICP-MS 进行测定，它的操作步骤如下。

一、样品前处理

准确量取 0.5 mL 血清放入聚四氟乙烯消化罐中，精确加入浓硝酸 3 mL 和

1 mL 过氧化氢，置于通风橱中静置 60 min，加盖密封，装入微波消解仪中，按设定的消解程序消解。消解完毕后，冷却至室温，取出消解罐，在通风橱中恒温赶酸仪上 140 ℃条件下赶酸 2 h，冷却至室温后，加入少许超纯水混匀，去离子水定容至 25 mL 容量瓶中。

标准液的稀释：分别精密吸取不同质量浓度 Se、Cu、Zn、Mg 元素标准溶液，用去离子水稀释，配制成 5 个标准质量浓度对照品溶液。Se 的质量浓度分别为 0 μg/mL、0.025 μg/mL、0.05 μg/mL、0.1 μg/mL、0.2 μg/mL；Mg 的质量浓度分别为 0 μg/mL、10 μg/mL、20 μg/mL、30 μg/mL、50 μg/mL；Cu、Zn 的质量浓度分别为 0 μg/mL、1.0 μg/mL、2.0 μg/mL、3.0 μg/mL、4.0 μg/mL。

二、质量浓度测定

标准曲线法的读数方式为峰强。以对照样品质量浓度为横坐标，对照样品峰强度为纵坐标，拟合标准曲线，得出各元素的回归方程、相关系数和线性范围。将样品峰强数值代入回归方程，得出相应的样品质量浓度。经检测并计算，经产母牛分娩前 7 天、分娩前 4 天、分娩前 1 天和分娩后 1 天、分娩后 4 天、分娩后 7 天血清中 Zn、Cu、Se 和 Mg 的含量见表 3-3。分娩前后血浆中 Zn、Cu、Se、Mg 的变化规律见图 3-3。结果显示，分娩后血清中 Zn、Cu、Se、Mg 的含量均有不同程度的下降，其中与分娩前 1 天相比，血清中分娩后 1 天 Zn 和 Mg 的含量显著下降（$P<0.05$），血清中 Cu、Se 的含量下降，但差异不显著（$P>0.05$）；与分娩前 1 天相比，血清分娩后第 4 天中 Cu 含量下降显著（$P<0.05$）。

经产母牛血清中 Zn、Cu、Se 和 Mg 的含量分娩后 3 个时间点的平均值与分娩前 3 个时间点的平均值见表 3-4；均值比较结果见图 3-4。结果表明，分娩后血清中 Zn、Cu、Se 和 Mg 的含量均出现显著下降（$P<0.01$）。

表 3-3　分娩前后血清 Zn、Cu、Se 和 Mg 的含量

分娩时间	Zn/(mg/L)	Cu/(mg/L)	Se/(μg/L)	Mg/(mg/L)
分娩前 7 天	0.97±0.05	1.63±0.12	95.78±4.09	21.56±2.64
分娩前 4 天	0.93±0.11	1.57±0.16	93.56±6.64	22.82±4.90
分娩前 1 天	0.92±0.06[a]	1.56±0.07	94.69±11.80	23.43±4.60[a]
分娩后 1 天	0.85±0.04[b]	1.51±0.13	90.61±6.53	18.28±2.70[b]

续表3-3

分娩时间	Zn/(mg/L)	Cu/(mg/L)	Se/(μg/L)	Mg/(mg/L)
分娩后 4 天	0.87±0.07	1.35±0.10	87.91±5.38	18.56±2.47
分娩后 7 天	0.86±0.10	1.37±0.18	86.56±13.87	18.40±1.40

注：Mean±SD，(n=6)；比较微量元素分娩前 1 天与分娩后 1 天，同列数据肩标小写字母不同表示差异显著(P<0.05)。

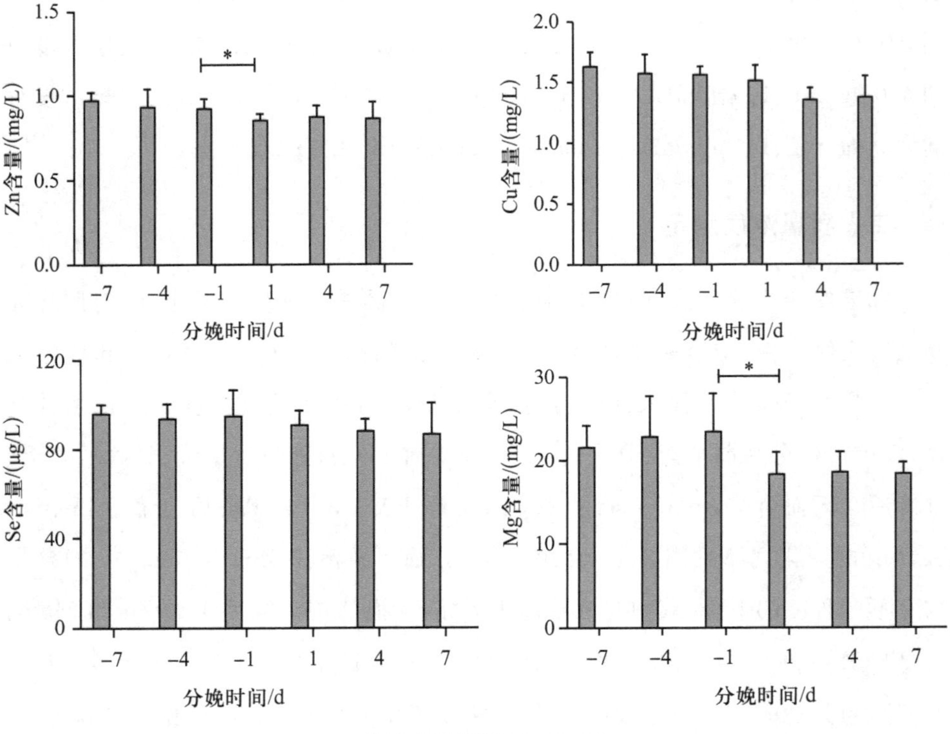

* 表示差异显著(***P*<0.05**)

图 3-3　分娩前后血清 Zn、Cu、Se 和 Mg 的含量变化规律

表 3-4　分娩前后血清 Zn、Cu、Se 和 Mg 的含量均值比较

分娩时间	Zn/(mg/L)	Cu/(mg/L)	Se/(μg/L)	Mg/(mg/L)
分娩前均值	0.94±0.08[A]	1.59±0.12[A]	94.68±7.73[a]	22.60±4.00[A]
分娩后均值	0.86±0.07[B]	1.43±0.13[B]	88.36±8.97[b]	18.42±2.12[B]

注：Mean±SD，(n=18)；同列数据肩标小字母不同表示差异显著(P<0.05)；同列数据肩标大写字母不同表示差异极显著(P<0.01)。

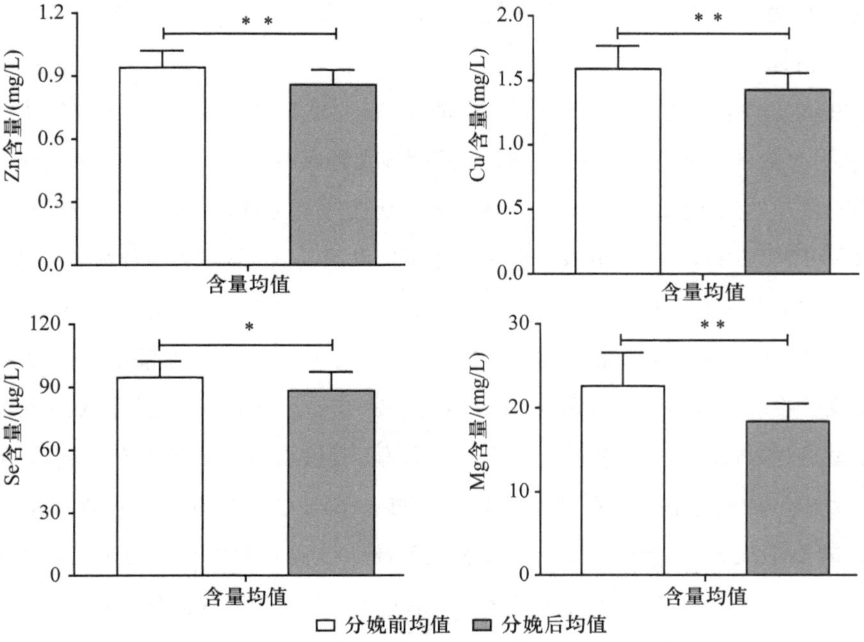

* 表示差异显著(***P***<**0.05**)；* * 表示差异极显著(***P***<**0.01**)。

图 3-4　分娩前后血清 Zn、Cu、Se 和 Mg 的含量均值比较

第三节　奶牛分娩前后应激相关指标变化的分析与讨论

一、分娩前后皮质醇的变化

皮质醇(cortisol)是个体遇到应激，动员机体应激反应系统适应环境所分泌的一种关键激素，是机体适应内外部环境的首要调节器之一。当机体遭受各种有害刺激时，它会通过应激反应来维持内环境的稳定。应激主要由交感-肾上腺髓质系统和下丘脑-垂体-肾上腺轴(HPA)两大系统参与完成其神经内分泌反应。糖皮质激素(GC)对应激的两个系统均起着快速非基因组作用。HPA是指机体感知内稳态失衡威胁时的反应部位，由下丘脑-垂体-肾上腺素皮质组成，其功能是一个经典的神经内分泌环。在应激原刺激下，促肾上腺皮质激素释放激素(CRH)通过垂体门静脉释放到腺垂体，导致腺垂体释放促肾上腺皮质激素(adrenocorticotropic hormone，ACTH)，ACTH 激活肾上腺皮质细胞合成释放 GC，而 GC 中主要是 cortisol。因此，文献报道，血清皮质醇水平可反映仔猪应对断奶应激而产生的生理变化，cortisol 含量的变化可作为断奶应激诊断的一个指标。

在该实验中发现，不论分娩前后血清中 cortisol 含量多少，其均出现较大的波动，说明动物自身血清 cortisol 的波动比较大，或者影响血清 cortisol 含量变化的因素比较多；但奶牛血清中 cortisol 分娩后第 7 天的平均水平极显著高于分娩前 7 天的水平（$P<0.01$），说明在分娩过程中发生了应激反应，导致了奶牛分娩后血清 cortisol 平均水平的显著升高。资料显示，反刍动物分娩的启动与胎儿丘脑下部-垂体-肾上腺轴（HPA）激活有直接关系，在妊娠 120 天之前，绵羊胎儿血液中的 cortisol 大多是通过胎盘从母羊转运得到的，在妊娠的最后 15～20 天，胎儿血液中 cortisol 质量浓度呈半对数式增加，分娩前 2～3 天达到峰值，分娩后质量浓度逐渐下降，直到分娩后 7～10 天，分娩前胎儿体内高质量浓度的 cortisol 会影响母体内血液 cortisol 的质量浓度，造成分娩前母体 cortisol 含量的升高。该实验发现分娩后 1 天高于分娩前 1 天 cortisol 的水平，但差异不显著（$P>0.05$）。该结果并不能否定分娩应激的存在，差异不显著可能有两方面的原因：一方面可能与分娩前胎儿体内高质量浓度的 cortisol 进入母牛体内有关系，掩盖了分娩引起的应激反应；另一方面由于血浆 cortisol 含量自身波动较大，影响因素较多，常掩盖其对应激反应性的灵敏性。因此，通过检测 cortisol 间接反应机体应激状态的方法有一定的局限性。

二、分娩前后 MDA 的变化

体内 MDA 的含量间接地反映细胞损伤的程度，组织和血液中 MDA 的含量通常被用作内源性脂质过氧化损伤和自由基损伤的生物标志物。脂质过氧化损伤越严重，MDA 的含量越高。Sun（2010）等检测了健康组与酮病组、胎衣不下组、脂肪肝组奶牛分娩前 20 天、分娩前 10 天、分娩前 1 天与分娩后 1 天、分娩后 10 天、分娩后 20 天血清中 MDA 的变化规律，研究发现四个组奶牛分娩后 1 天的 MDA 含量比分娩前 1 天有显著增加。在该实验中发现，奶牛分娩后 1 天血清中 MDA 的水平显著高于分娩前 1 天（$P<0.05$），与上述文献一致；该实验还发现血清中 MDA 在分娩后 7 天的平均水平极显著高于分娩前 7 天的平均水平（$P>0.01$）。我们认为是分娩过程引起了氧化应激，并导致了脂质过氧化损伤。杨开红（2013）等检测了奶牛分娩前 30 天、分娩前 20 天、分娩前 10 天和分娩后 0 天、分娩后 10 天、分娩后 20 天的 MDA 含量，发现 MDA 含量在分娩前呈升高的趋势,分娩后 0 天 MDA 含量的最高,分娩后呈下降趋势,但由于与其实验采血时间间隔比较大,该实验未表现出类似的趋势。

三、分娩前后热休克蛋白的变化

Sheikh(2017)等报道热应激和产犊应激可提高奶牛血清 HSPs 水平。Collier(2008)等报道,奶牛分娩当天 HSPs 的质量浓度最高的原因是分娩过程强烈的激素变化、酶及生化因素的变化诱导了产犊当天 HSPs 的产生。HSP90 和 HSP70 是热休克蛋白家族的主要构成群体,是应激因素诱导的最为显著的蛋白,其含量与机体的病理、生理状态密切相关。在正常情况下,细胞内的 HSP90 蛋白表达较低;在应激情况下,HSP90,尤其是 HSP90α 的表达水平显著增高,可减轻细胞遭受的应激损伤,维持内环境的稳定。该实验发现,奶牛血清中 HSP90 的含量在分娩后第 1 天比分娩前 1 天有显著升高($P<0.05$),而且血清中的 HSP90 在分娩后第 7 天的平均水平极显著高于分娩前 7 天的平均水平($P<0.01$)。该结果进一步证实了分娩过程发生了应激反应,同时印证了 RNA-seq 及 qPCR 实验中的 HSP90α 在分娩后显著高于分娩前的实验结果。

HSP72 是 HSP70 家族的诱导型蛋白,在应激和感染等因素下表达量会明显升高,参与维持细胞正常的功能及机体的免疫反应和炎症反应。Aggarwal(2012)等发现在分娩当天血清中 HSP70 的质量浓度最高,但在该实验中 HSP72 分娩后比分娩前 1 天略有升高,差异不显著($P>0.05$),奶牛血清中 HSP72 分娩后 7 天的平均水平与分娩前 7 天的平均水平相比差异也不显著($P>0.05$),其原因尚待进一步研究。这可能与血液 HSP70 来源的多途径有关系,因为应激时组织细胞会主动分泌 HSP70,而组织细胞死亡或凋亡也会释放 HSP70,分娩前细胞凋亡释放出的 HSP70 掩盖了分娩前后血清中 HSP70 含量的差异。

四、分娩前后 TAOC 的变化

在氧化应激状态下,机体细胞受到活性氧自由基的攻击,机体会动用一切可能的力量清除 ROS,TAOC 是反映机体抗氧化能力的指标,其高低反映了机体抗氧化系统的功能状况。TAOC 包括酶促和非酶促两个体系,T-SOD 是酶促反应体系的重要组成部分。TAOC 和 T-SOD 的升高也间接表明机体处于氧化应激状态。Sun(2010)等检测了健康组奶牛分娩前 20 天、分娩前 10 天、分娩前1天与分娩后1天、分娩后10天、分娩后20天血清中T-SOD的变化规律，研究发现健康组奶牛T-SOD含量在分娩后1天比分娩前1天略有增加。Gaal(2006)等报道，分娩作为氧化应激的应激原会导致脊椎动物血液和其他器官自由基的形成和抗氧化系统的改变；分娩可引起奶牛血液抗氧化系统T-SOD活性的显著升高，T-SOD活性的升高说明奶牛在分娩时受到了轻微的氧化应激，刺激了机体的抗氧化体系。在该实验中，奶牛血清中的TAOC和T-SOD分娩后1天的活性显著高于分娩前1天($P<0.05$)；分娩后第7天的平均水平也极显著高于分娩前7天的平均水平($P<0.01$)。该结果与文献报道相一致，表明奶牛的分娩过程发生了氧化应激，并造成了氧化应激损伤。

五、分娩前后微量元素Cu、Zn、Se和Mg的变化

Cu、Zn、Se和Mg作为动物体内一些重要酶的活性中心组成成分以及激活酶的金属离子会影响酶的催化性能和活性。作为酶的活性中心组成成分的微量元素可提高酶对底物的专一性，可直接参与涉及电子转运的氧化还原反应的催化作用，还可以通过形成配位键和改变底物的构型促使底物与酶的融合。机体内Cu、Zn、Se、Mg等矿物元素几乎都参与应激反应。在应激状态下，动物体内微量元素会在不同的组织器官中重新分配。虽然尚不清楚这种改变是代谢紊乱的表现，还是机体的自我保护性反应，但是血液中微量元素的含量变化可以在一定程度上反映机体的应激状态。研究表明，急性应激后小鼠全血锌和全血镁的含量会显著降低。

(一)Cu的变化

Cu是Cu/Zn-SOD的活性中心，是细胞色素氧化酶、单胺氧化酶、血浆铜蓝蛋白等酶的组成成分。在应激状态下，大量的Cu从肝脏释放进入血液，血清中Cu的含量可出现一定的波动，可以通过检测血液中Cu含量的变化来间接判断应激状态。该实验发现，奶牛分娩后血清中Cu含量的平均水平显著低于分娩前的平均水平($P<0.05$)；分娩后1天比分娩前1天有所下降，但差异不显著($P>0.05$)，该结果提示可能是分娩应激导致Cu在机体内的分布发生了变化，肝脏的Cu释放入血导致分娩后1天血液中Cu含量未出现显著下降。各种抗氧化体系各种酶对Cu的需求量增加导致了血液中Cu含量的降低，且持续下降。

(二)Zn 的变化

Zn 是 Cu/Zn-SOD 的组成成分，缺 Zn 可以显著降低 Cu/Zn-SOD 的活性。血清中正常 Zn 的质量浓度是 0.7～1.3 μg/mL，若该值低于 0.4 μg/mL 则被认为是 Zn 缺乏。在应激或疾病状态下，它会引起细胞外液中 Zn 的迅速再分配，导致血清中 Zn 质量浓度的下降。从该实验结果来看，奶牛分娩后的 Zn 含量明显呈下降趋势，血清中 Zn 含量在分娩后的平均水平极显著低于分娩前的平均水平($P<0.01$)；与分娩前 1 天相比，分娩后 1 天出现了显著下降($P<0.05$)，该结果也表明可能是分娩过程的应激反应造成了 Zn 含量的下降。

(三)Se 的变化

Se 作为谷胱甘肽过氧化物酶(GSH-Px)的组成成分，以硒半胱氨酸的形式参与硒酶肽链。通过 GSH-Px 动物能补 Se，以激活动物体内自身抗氧化系统，有效清除机体内的 H_2O_2。如果处于应激状态，机体为了对抗氧化应激，谷胱甘肽过氧化物酶的活性升高，因此对 Se 的需求量增加，表现为血清中 Se 含量的降低。在该实验中，血清中分娩后的 Se 含量呈下降趋势，分娩后的平均水平极显著低于分娩前的平均水平($P<0.01$)，表明可能分娩过程的应激反应消耗了大量的 Se，从而导致血液中 Se 含量的显著下降，但分娩后 1 天与分娩前 1 天相比差异不显著($P>0.05$)，其原因尚待进一步研究。

(四)Mg 的变化

Mg 是细胞内的主要阳离子，奶牛血浆中镁的质量浓度通常在 18～24 mg/L，属于常量元素。近年来，文献报道了镁具有一定的抗应激作用。实验表明，当大鼠缺 Mg 时，组织和血浆的脂质过氧化程度增加，肝细胞中丙二醛的含量增加，抗氧化能力减弱。Mg 离子是谷氨酰半胱氨酸合成酶和谷胱甘肽合成酶辅酶，Mg 的缺乏能影响谷胱甘肽的合成。Martignoni 等认为长时间的应激可引起 Mg 的过度消耗而导致 Mg 缺乏，Mg 缺乏则会进一步增加动物对应激的敏感性。在应激时，Mg 的需要量增加，Mg 的流失量也会增加，最终导致血清 Mg 的含量降低。该实验发现，奶牛血清中 Mg 含量在分娩后呈下降趋势，分娩后的平均水平极显著低于分娩前的平均水平($P<0.01$)；分娩后 1 天与分娩前 1 天相比出现了显著下降($P<0.05$)；分娩后的奶牛呈濒临低 Mg 血症的状态。其原因与在应激状态下 Mg 的需要量增加，导致血清中 Mg 的含量降低有很大关系。Mg 不能像钙一样通过骨骼的重吸收填补血清 Mg 的不足，所以维持血

清 Mg 的正常质量浓度几乎完全依赖于动物对饲粮中 Mg 的吸收。由于分娩后的奶牛饮食不佳，其会出现分娩后血浆 Mg 质量浓度的显著降低。

第四节　小结

实验发现，分娩后的 HSP90 会显著升高，表明机体处于应激状态，同时进一步印证了在 RNA-seq 中发现的 *HSP90α* 基因表达上调的结果；分娩后出现 MDA 的明显升高，表明分娩过程存在氧化应激损伤；分娩后 TAOC、T-SOD 的明显升高及应激相关元素 Zn、Cu、Se 和 Mg 平均含量的显著下降，表明机体氧化与抗氧化状态平衡遭到破坏，抗氧化能力增强。该结果进一步证实了分娩过程中存在应激反应。

第四章 氟尼辛葡甲胺对奶牛分娩应激相关指标的影响

大量的文献表明，分娩过程中的疼痛是一生中经历的最严重的疼痛之一。在医学疼痛指数中，分娩疼痛位居第二，而奶牛分娩的剧烈疼痛是一种人们并不易觉察但难以忍受的折磨。疼痛普遍存在于奶牛分娩过程中。因此，我们假设奶牛分娩过程中的疼痛引起了应激变化。为了证明这一设想，既然疼痛是分娩应激的主要诱导因素，那么分娩后的镇痛能否缓解分娩应激呢？

氟尼辛葡甲胺是一种有效的非麻醉、非甾体抗炎药(non steroidal antiinflammatory drug，NSAD)，通过抑制花生四烯酸反应中的环氧化酶的活性，减少前列腺素等炎症因子的合成，表现出明显的抗炎、解热和镇痛作用。氟尼辛葡甲胺在国外已被广泛用于治疗动物的多种病症，如马的疝痛、内毒血症和骨骼肌肉紊乱，反刍动物的乳腺炎、肺炎、内毒血症，猪的子宫炎、乳腺炎和无乳综合征，犬的内毒素血症、腐败性腹膜炎、骨关节炎和骨骼肌肉紊乱。由于其疗效好、毒性低，在欧美等国家应用广泛，并于 2004 年 10 月被 FDA 批准用于泌乳期奶牛。与兽医临床常用的安替比林、氨基比林、安乃近、阿尼利定、保泰松等吡唑酮类解热、镇痛、抗炎药相比，氟尼辛葡甲胺避免了由长期使用引起的再生障碍性贫血、粒细胞减少症、血小板减少、蛋白尿、间质性肾炎、肝损伤等问题。因此，美国等发达国家已经严格禁止临床上将吡唑酮类药物继续用于食用动物和乳用动物。目前，美国批准在奶牛中使用的非甾体抗炎药只有氟尼辛葡甲胺一种。我国将氟尼辛葡甲胺及其注射液收录于《中华人民共和国兽药典》，其可用于家畜及小动物的发热性、炎性疾病，肌肉和软组织疼痛。

因此，选用氟尼辛葡甲胺作为镇痛剂，按 2 mg/kg 的剂量给分娩后的奶牛(胎衣排出后)肌内注射，1 次/d，连用 3 d，检测氟尼辛葡甲胺对分娩应激相关指标的影响，旨在证明奶牛分娩过程中的疼痛是引起分娩应激的诱发因素。

实验在北京郊区某奶牛场进行，随机选取临床健康、体况正常（体况评分3.0～3.5）、2～5胎/次、自然分娩的经产母牛20头（难产及胎衣不下者淘汰），常规饲养管理，全混合日粮（TMR）饲喂，自由采食，分娩前1～2天进入待产圈，分娩后在产房监护7 d。

实验采用单因素设计，随机将实验奶牛分为两组，对照组与实验组各10头。实验组于分娩后（胎衣排出后）第1天、分娩后第2天、分娩后第3天、分娩后第4天尾静脉采血8～10 mL分离血清，4 ℃保存，待测；然后按2 mg/kg的剂量肌内注射氟尼辛葡甲胺，1次/d，连用3 d。对照组分娩后不注射氟尼辛葡甲胺，于分娩后第1天、分娩后第2天、分娩后第3天、分娩后第4天尾静脉采血8～10 mL，分离血清，4 ℃保存，待测。对照组与实验组奶牛饲养管理条件相同。分别在实验组与对照组中随机选取6头牛的血清样品，测定分娩后第1天、分娩后第2天、分娩后第3天、分娩后第4天血清中矿物元素Cu、Zn、Se和Mg的含量。

第一节　氟尼辛葡甲胺对皮质醇的影响

采用ELISA试剂盒（双抗体夹心法）检测分娩前后奶牛血清中皮质醇，HSP90的含量，按照试剂盒说明书操作步骤检测。检测后，实验组与对照组血清中皮质醇的含量见表4-1，实验组与对照组的比较结果见图4-1。结果表明，实验组在分娩后第3天与分娩后第4天的皮质醇含量显著低于对照组（$P<0.05$），但分娩后第1天与分娩后第2天的差异不显著（$P>0.05$），实验组在分娩后第4天血清皮质醇含量的平均值显著低于对照组（$P<0.05$）。

表4-1　分娩后注射氟尼辛葡甲胺对皮质醇的影响　μg/L

组别	皮质醇含量				
	分娩后第1天	分娩后第2天	分娩后第3天	分娩后第4天	分娩后均值
对照组	89.97±9.52	90.73±7.99	90.61 ± 5.19^{a}	88.64 ± 3.30^{a}	89.99 ± 6.71^{a}
实验组	89.24±8.51	86.41±3.91	85.64 ± 4.41^{b}	84.76 ± 4.55^{b}	86.51 ± 5.69^{b}

注：Mean±SD，（分娩后第1天、分娩后第2天、分娩后第3天、分娩后第4天，$n=10$；分娩后均值，$n=40$）；同列数据肩标小写字母不同表示差异显著（$P<0.05$）。

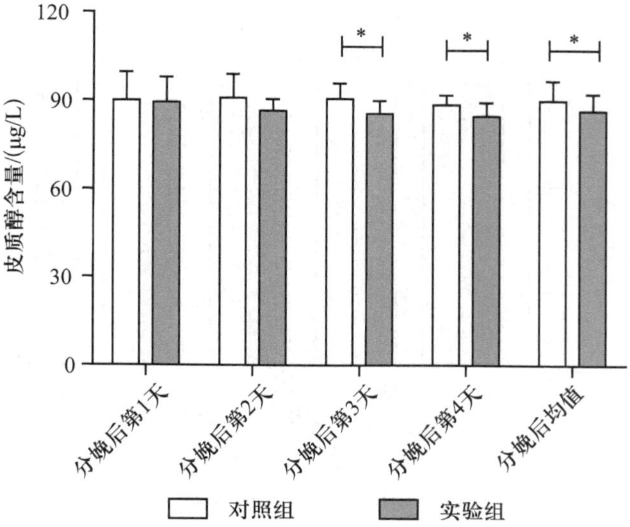

* 表示差异显著($P<0.05$)。

图 4-1　分娩后注射氟尼辛葡甲胺血清皮质醇的影响

第二节　氟尼辛葡甲胺对 MDA 的影响

采用 TBA 检测血清中 MDA 的含量，按照商品化试剂盒说明书的操作步骤进行检测。经检测，实验组与对照组血清中 MDA 的含量见表 4-2，实验组与对照组的比较结果见图 4-2。结果表明，实验组血清中 MDA 的含量均低于对照组，实验组分娩后第 3 天的 MDA 含量显著低于对照组($P<0.05$)，分娩后第 1 天、分娩后第 2 天、分娩后第 4 天的差异不显著($P>0.05$)。实验组分娩后第 4 天血清 MDA 含量的平均值显著低于对照组($P<0.05$)。

表 4-2　分娩后注射氟尼辛葡甲胺对 MDA 的影响　　mmol/L

组别	MDA 含量				
	分娩后第 1 天	分娩后第 2 天	分娩后第 3 天	分娩后第 4 天	分娩后均值
对照组	6.36±0.80	6.27±0.61	6.41±0.46[a]	6.37±0.49	6.35±0.59[a]
实验组	6.34±0.47	6.12±0.42	5.92±0.51[b]	5.86±0.63	6.06±0.53[b]

注：Mean±SD，(分娩后第 1 天、分娩后第 2 天、分娩后第 3 天、分娩后第 4 天，$n=10$；分娩后均值，$n=40$))；同列数据肩标小写字母不同表示差异显著($P<0.05$)。

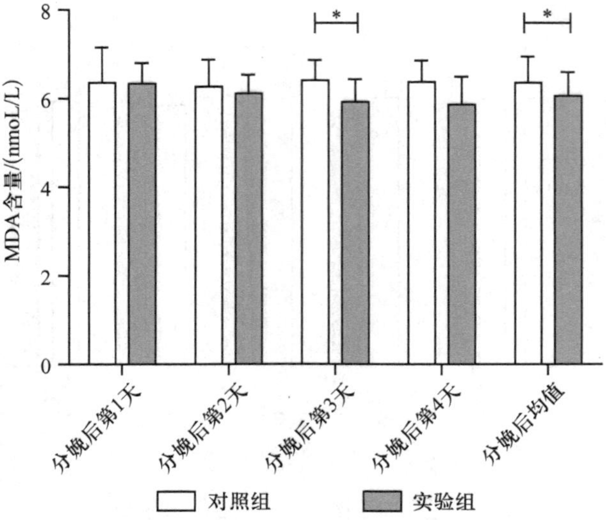

* 表示差异显著(***P***<**0.05**)。

图 4-2　分娩后注射氟尼辛葡甲胺对 MDA 的影响

第三节　氟尼辛葡甲胺对 TAOC 的影响

采用比色法检测血清 TAOC 的活性;按照商品化说明书的操作步骤进行检测。经检测,实验组与对照组血清中 T-AOC 的含量见表 4-3,实验组与对照组的比较结果见图 4-3。结果表明,实验组血清中 TAOC 的活性均高于对照组,实验组分娩后第 4 天的 TAOC 含量显著高于对照组($P<0.05$),分娩后第 1 天、第 2 天、第 3 天的差异不显著($P>0.05$)。比较分娩后第 4 天血清 TAOC 活性的平均值,实验组显著高于对照组($P<0.01$)。

表 4-3　分娩后注射氟尼辛葡甲胺对 TAOC 的影响　　U/mL

组别	TAOC 含量				
	分娩后第 1 天	分娩后第 2 天	分娩后第 3 天	分娩后第 4 天	分娩后均值
对照组	6.82±0.49	6.85±0.43	6.97±0.41	$6.84±0.24^{a}$	$6.87±0.39^{A}$
实验组	6.90±0.64	7.29±0.73	7.45±0.82	$7.42±0.75^{b}$	$7.27±0.74^{B}$

注:Mean±SD,(分娩后 1 天、分娩后 2 天、分娩后 3 天、分娩后 4 天,$n=10$;分娩后均值,$n=40$);同列数据肩标小写字母不同表示差异显著($P<0.05$);同列数据肩标大写字母不同表示差异极显著($P<0.01$)。

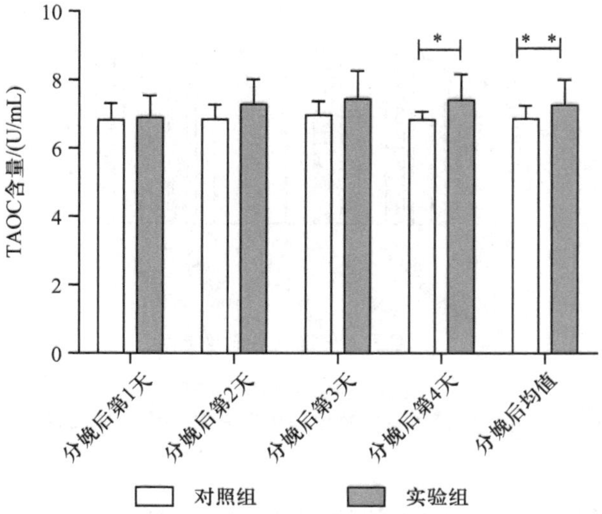

* 表示差异显著(**P**<**0.05**)；* * 表示差异极显著(**P**<**0.01**)。

图 4-3　分娩后注射氟尼辛葡甲胺对 TAOC 的影响

第四节　氟尼辛葡甲胺对 T-SOD 的影响

采用羟胺法检测血清中 T-SOD 的活性，按照商品化试剂盒说明书的操作步骤进行检测。经检测，实验组与对照组血清中 T-SOD 的含量见表 4-4，实验组与对照组的比较结果见图 4-4。结果表明，注射氟尼辛葡甲胺后，实验组血清中 T-SOD 的含量均高于对照组，实验组分娩后第 3 天和分娩后第 4 天的 T-SOD 含量显著高于对照组($P<0.05$)，实验组分娩后第 2 天的 T-SOD 含量略高于对照组，但差异不显著($P>0.05$)。比较分娩后第 4 天血清 T-SOD 活性的平均值，实验组显著高于对照组($P<0.05$)。

表 4-4　分娩后注射氟尼辛葡甲胺对 T-SOD 的影响　　U/mL

组别	T-SOD 含量				
	分娩后第 1 天	分娩后第 2 天	分娩后第 3 天	分娩后第 4 天	分娩后均值
对照组	113.55±5.59	116.69±7.31	117.17±6.52[a]	116.89±4.43[a]	116.14±6.01[a]
实验组	112.74±3.59	118.51±7.86	125.54±9.35[b]	124.42±9.60[b]	120.30±9.25[b]

注：均值±SD，(分娩后第 1 天、分娩后第 2 天、分娩后第 3 天、分娩后第 4 天，$n=10$；分娩后均值，$n=40$)；同列数据肩标小写字母不同表示差异显著($P<0.05$)。

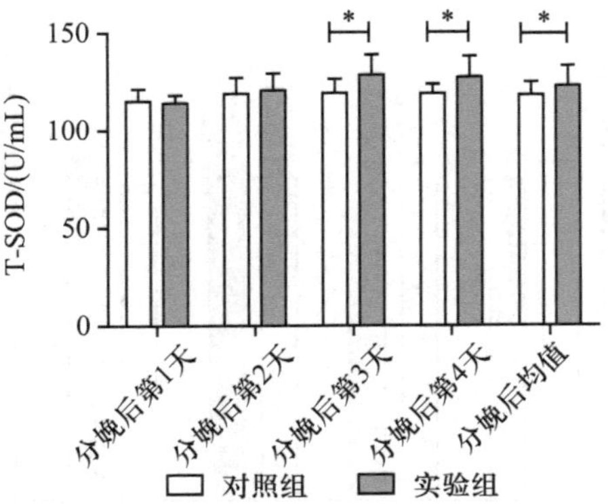

* 表示差异显著(**$P<0.05$**)。

图 4-4 分娩后注射氟尼辛葡甲胺对 T-SOD 的影响

第五节 氟尼辛葡甲胺对 HSP90 的影响

实验组与对照组血清中 HSP90 的含量见表 4-5,实验组与对照组的比较结果见图 4-5。结果表明,注射氟尼辛葡甲胺后,血清实验组中 HSP90 的含量略低于对照组,差异不显著($P>0.05$)。比较分娩后第 4 天血清 HSP90 含量的平均值,实验组略低于对照组,差异不显著($P>0.05$)。

表 4-5 分娩后注射氟尼辛葡甲胺对 HSP90 的影响 μg/L

组别	HSP90 含量				
	分娩后第 1 天	分娩后第 2 天	分娩后第 3 天	分娩后第 4 天	分娩后均值
对照组	9.03±0.38	8.92±0.78	8.95±0.76	8.81±0.80	8.93±0.68
实验组	8.96±0.62	8.88±0.72	8.83±0.99	8.69±0.90	8.84±0.79

注:Mean±SD,(分娩后第 1 天、分娩后第 2 天、分娩后第 3 天、分娩后第 4 天,$n=10$;分娩后均值,$n=40$)。

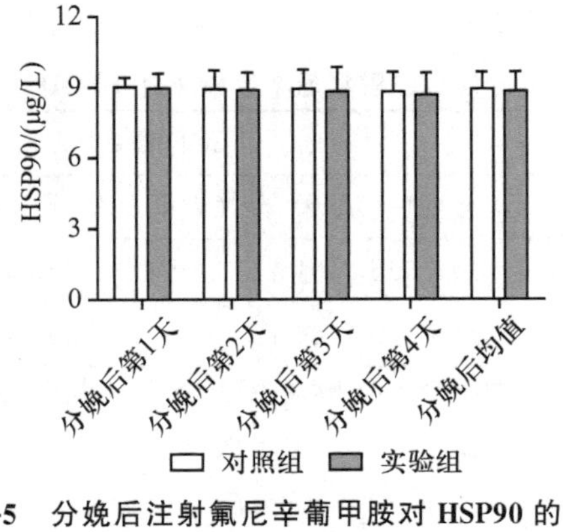

图 4-5 分娩后注射氟尼辛葡甲胺对 HSP90 的影响

第六节　氟尼辛葡甲胺对微量元素的影响

在保存的样品中随机选取6头奶牛的血清样品，采用电感耦合等离子体质谱法(ICP-MS)测定分娩后第1天、分娩后第2天、分娩后第3天、分娩后第4天血清中的微量元素Cu、Zn、Se和Mg的含量。

经检测，实验组与对照组血清中Zn的含量见表4-6，实验组与对照组的比较结果见图4-6。结果表明，在注射氟尼辛葡甲胺后，实验组血清中Zn的含量均低于对照组，实验组分娩后第2天、分娩后第3天和分娩后第4天的Zn含量显著低于对照组($P<0.05$)。比较分娩后第4天血清Zn含量的平均值，实验组显著低于对照组($P<0.01$)。

表4-6　分娩后注射氟尼辛葡甲胺对Zn的影响　mg/L

组别	Zn含量				
	分娩后第1天	分娩后第2天	分娩后第3天	分娩后第4天	分娩后均值
对照组	0.84±0.08	0.91±0.05[a]	0.92±0.08[a]	0.97±0.19[a]	0.91±0.08[A]
实验组	0.86±0.04	0.83±0.06[b]	0.82±0.07[b]	0.85±0.09[b]	0.84±0.07[B]

注：Mean±SD，(分娩后第1天、分娩后第2天、分娩后第3天、分娩后第4天，$n=6$；分娩后均值，$n=24$)；同列数据肩标小写字母不同表示差异显著($P<0.05$)；同列数据肩标大写字母不同表示差异极显著($P<0.01$)。

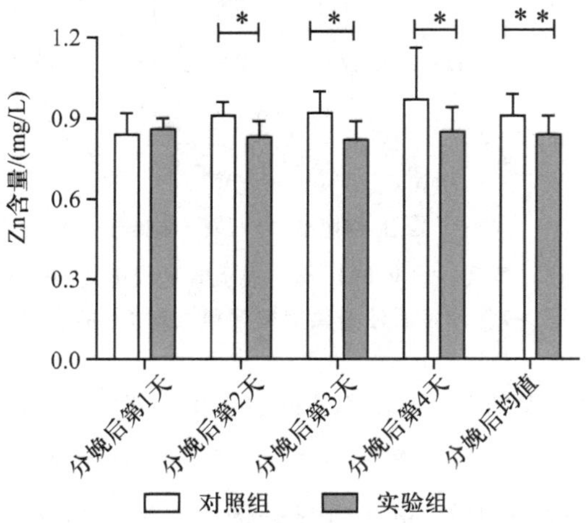

* 表示差异显著(**P<0.05**)；* * 表示差异极显著(**P<0.01**)。

图4-6　分娩后注射氟尼辛葡甲胺对Zn的影响

实验组与对照组血清中Cu的含量见表4-7，实验组与对照组的比较结果见图4-7。结果表明，在分娩后注射氟尼辛葡甲胺的奶牛的血清中，实验组Cu的含量均低于对照组，实验组分娩后第3天和分娩后第4天的Cu含量显著低于对照组（$P<0.05$）；实验组分娩后第2天的Cu含量低于对照组，但差异不显著（$P>0.05$）。比较分娩后第4天血清Cu含量的平均值，实验组显著低于对照组（$P<0.01$）。

表4-7　分娩后注射氟尼辛葡甲胺对Cu的影响　mg/L

组别	Cu含量				
	分娩后第1天	分娩后第2天	分娩后第3天	分娩后第4天	分娩后均值
对照组	1.63±0.29	1.63±0.09	1.64±0.09[a]	1.57±0.21[a]	1.62±0.18[A]
实验组	1.58±0.14	1.44±0.23	1.41±0.20[b]	1.34±0.12[b]	1.44±0.19[B]

注：Mean±SD，（分娩后第1天、分娩后第2天、分娩后第3天、分娩后第4天，$n=6$；分娩后均值，$n=24$）；同列数据肩标小写字母不同表示差异显著（$P<0.05$）；同列数据肩标大写字母不同表示差异显著（$P<0.01$）。

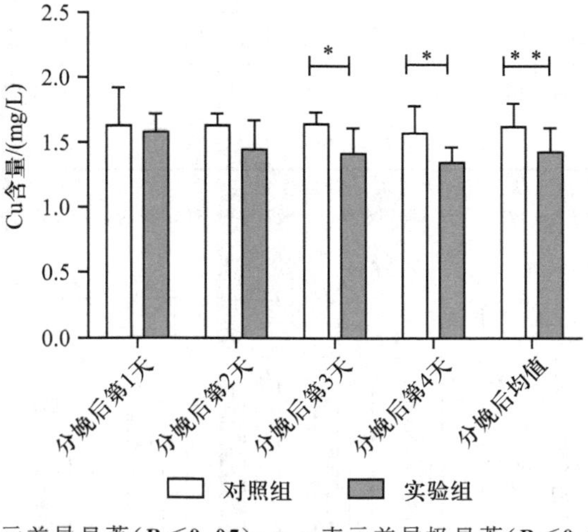

*表示差异显著（**$P<0.05$**）；* *表示差异极显著（**$P<0.01$**）。

图4-7　分娩后注射氟尼辛葡甲胺对Cu的影响

实验组与对照组血清中Se的含量见表4-8，实验组与对照组的比较结果见图4-8。结果表明，在注射氟尼辛葡甲胺后，实验组血清中Se的含量均低于对照组，实验组分娩后第3天的Se含量显著低于对照组（$P<0.05$）；实验组分娩后第1天、分娩后第2天、分娩后第4天的Se含量低于对照组，但差异不显著（$P>0.05$）。比较分娩后第4天血清Se含量的平均值，实验组极显著低于对照组($P<0.01$)。

表 4-8 分娩后注射氟尼辛葡甲胺对 Se 的影响 μg/L

组别	Se 含量				
	分娩后第 1 天	分娩后第 2 天	分娩后第 3 天	分娩后第 4 天	分娩后均值
对照组	94.27±9.48	90.07±10.08	87.63±7.96[a]	89.65±11.93	90.41±9.62[A]
实验组	85.49±14.79	77.20±13.83	75.71±9.41[b]	78.00±10.23	79.10±12.08[B]

注:Mean±SD,(分娩后第 1 天、分娩后第 2 天、分娩后第 3 天、分娩后第 4 天,$n=6$;分娩后均值,$n=24$);同列数据肩标小写字母不同表示差异显著($P<0.05$);同列数据肩标大写字母不同表示差异极显著($P<0.01$)。

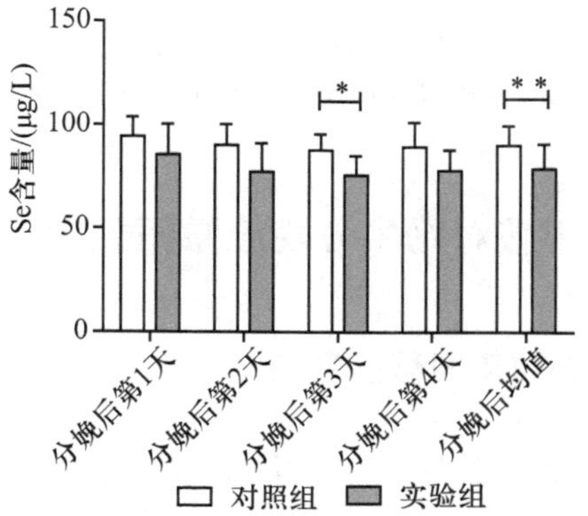

* 表示差异显著(**P<0.05**);* * 表示差异极显著(**P<0.01**)。

图 4-8 分娩后注射氟尼辛葡甲胺对 Se 的影响

实验组与对照组血清中 Mg 的含量见表 4-9,实验组与对照组的比较结果见图 4-9。结果表明,在注射氟尼辛葡甲胺后,实验组血清中 Mg 的含量均低于对照组,实验组分娩后第 4 天的 Mg 含量显著低于对照组($P<0.01$);实验组分娩后第 2 天、分娩后第 3 天的 Mg 含量低于对照组,但差异不显著($P>0.05$)。比较分娩后第 4 天血清 Mg 含量的平均值,实验组低于对照组,但差异不显著。

表 4-9 分娩后注射氟尼辛葡甲胺对 Mg 的影响 mg/L

组别	Mg 含量				
	分娩后第 1 天	分娩后第 2 天	分娩后第 3 天	分娩后第 4 天	分娩后均值
对照组	14.40±3.29	17.55±3.77	18.68±1.32	18.36±1.25[A]	17.25±3.03
实验组	15.18±1.86	16.87±1.32	16.06±3.57	14.78±1.65[B]	15.73±2.27

注:Mean±SD,(分娩后第 1 天、分娩后第 2 天、分娩后第 3 天、分娩后第 4 天,$n=6$;分娩后均值,$n=24$);同列数据肩标小写字母不同表示差异显著($P<0.05$);同列数据肩标大写字母不同表示差异极显著($P<0.01$)。

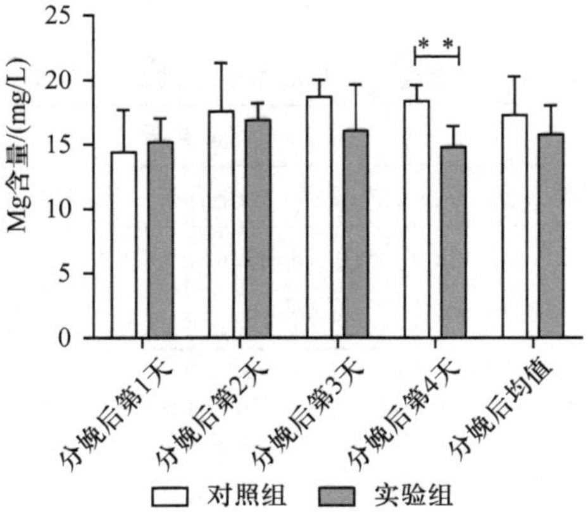

* * 表示差异显著（$P<0.01$）。

图 4-9　分娩后注射氟尼辛葡甲胺对 Mg 的影响

第七节　氟尼辛葡甲胺对奶牛分娩应激相关指标影响的分析与探讨

一、氟尼辛葡甲胺对皮质醇的影响

当机体遭受各种有害刺激时，它会激活交感-肾上腺髓质系统和下丘脑-垂体-肾上腺轴（HPA）完成神经内分泌反应，通过产生皮质醇来维持内环境的稳定，皮质醇是反映机体应激状态的一个重要指标。Yilmaz 等报道将氟尼辛葡甲胺和美洛昔康用于母犬卵巢子宫切除手术后的镇痛时发现，氟尼辛葡甲胺降低了血清中皮质醇的水平，而且氟尼辛葡甲胺的效果要优于美洛昔康。Huber 等将氟尼辛葡甲胺用于犊牛去角后的疼痛管理时发现，氟尼辛葡甲胺可以显著降低血清皮质醇的水平。该实验发现，奶牛在分娩后注射氟尼辛葡甲胺的奶牛的血清中，实验组皮质醇在分娩后第 3 天的水平显著低于对照组（$P<0.05$），实验组奶牛分娩后第 4 天血清皮质醇的平均水平显著低于对照组（$P<0.05$），表明奶牛分娩后注射氟尼辛葡甲胺可以降低血清中皮质醇的水平，该结论与上述文献报道相一致。

二、氟尼辛葡甲胺对 MDA 的影响

疼痛是与组织损伤或潜在的组织损伤相关的一种不愉快的躯体感觉和情感经历。剧烈的疼痛常引起机体强烈的应激反应及多种激素的级联释放，不利于恢复。在由疼痛所起的应激反应过程中，大量细胞因子释放入血，其中氧自

由基(oxygen free radical,OFR)参与了组织损伤的反应过程,而组织损伤会引发痛知觉和痛反应,尤其是炎症痛。杜化娟等报道,疼痛可刺激家兔内啡肽(P-EP)和 OFR 的释放。OFR 攻击细胞生物膜不饱和脂肪酸发生脂质过氧化损伤产生 MDA,MDA 含量高低反映了组织受 OFR 攻击的损伤程度。在该实验中,实验组 MDA 含量显著低于对照组,表明注射氟尼辛葡甲胺减轻了氧化应激损伤。

文献表明,在炎症介质 PGG_2 转化为 PGH_2 的过程中,OFR 会释放,非甾体抗炎药(NSAD)——阿司匹林、吲哚美辛可通过抑制 COX 的活性,减少 PGs 生成,从而使 OFR 的生成也减少;王瑜等报道非甾体抗炎药——酮洛芬可降低血液中 MDA 的质量浓度,吲哚美辛也可明显降低血液中 PGE_2 及 MDA 的质量浓度。其作用机理可能是 NSAD 抑制 COX 的活性,减少 PG 的生成和 OFR 的释放,减轻了氧化应激损伤。作为一种典型的 NSAID,氟尼辛葡甲胺的作用机理与上述药物相同,也具有类似的作用。在该实验中发现,奶牛在分娩后注射氟尼辛葡甲胺可以降低血清中 MDA 的含量($P<0.05$),这一结果与上述文献相一致。但 Yilmaz 等在将氟尼辛葡甲胺用于母犬卵巢子宫切除手术的术后镇痛时发现,使用氟尼辛葡甲胺后没有明显降低血清中的 MDA 水平,其实验结果与该实验结果不一致的原因尚待进一步分析。

三、氟尼辛葡甲胺对 TAOC 的影响

总抗氧化能力(TAOC)活性的高低反应机体抗氧化系统功能状况,TAOC 可通过清除体内的自由基和活性氧来维持机体内环境相对稳定。总抗氧化能力有所升高说明机体内的抗氧化系统处于正常或活跃状态。该实验发现,分娩后注射氟尼辛葡甲胺的实验组 TAOC 水平明显高于对照组,且差异显著($P<0.01$),表明注射氟尼辛葡甲胺使机体总抗氧化能力增强。

T-SOD 是在动物机体清除反应过程中第一个发挥作用的抗氧化酶,是总抗氧能力酶促反应系统的组成部分,主要包括 Cu/Zn-SOD 和 Mn-SOD。测定 SOD 的活力可间接反映体内自由基的产生和毒物对细胞的损伤情况,也可反映组织内清除自由基的能力。在该实验中发现,分娩后注射氟尼辛葡甲胺的实验组 T-SOD 水平显著高于对照组($P<0.05$),表明分娩后注射氟尼辛葡甲胺可增强机体的总抗氧化能力。

四、氟尼辛葡甲胺对微量元素的影响

微量元素Zn、Cu、Se和Mg的含量与机体的抗氧化功能密切相关。在分娩后注射氟尼辛葡甲胺，血清中微量元素Zn、Cu、Se和Mg的含量均在不同时间点出现了显著下降，表明分娩后注射氟尼辛葡甲胺可能引起了机体内Zn、Cu、Se和Mg的重新分布。Zn、Cu、Se和Mg含量的下降可能与机体在对抗自由基时消耗大量的抗氧化酶有关系，如T-SOD活性出现上升与血清中Zn、Cu含量的下降可能有直接关系，但究竟是Zn、Cu、Se和Mg等元素在体内的重新分布增强了抗氧化能力，还是抗氧化能力的增强降低了血清中Zn、Cu、Se和Mg的含量，尚不清楚。注射氟尼辛葡甲胺与血清中微量元素下降的关系及其作用机制尚待进一步探讨。

Sheikh等报道，补充锌可降低热休克蛋白反应和增强免疫。其作用机理可能是通过减少自由基的生成，降低了细胞成分的氧化损伤。Sahin等报道添加吡啶羧酸锌补充剂可显著降低日本鹌鹑体内HSP70的表达和氧化损伤。在该实验中，分娩后注射氟尼辛葡甲胺未对血清中HSP90的含量造成显著影响，其原因也待进一步探讨。此外，关于氟尼辛葡甲胺、热应激蛋白与微量元素之间的关系报道比较少，尚待进一步研究。

第八节　小结

在以上实验中发现，奶牛在分娩后肌内注射氟尼辛葡甲胺(胎衣排出后肌内注射)可以降低血清中丙二醛和皮质醇的水平，提高血清的TAOC和T-SOD活性，表明分娩后镇痛可以减轻应激损伤，提高机体的抗氧化能力。该实验表明，分娩后注射非甾体抗炎药——氟尼辛葡甲胺对分娩应激的缓解是有效的，同时也反证了疼痛是引起分娩应激的重要因素。

第五章

氟尼辛葡甲胺对奶牛血液生化指标和生产性能的影响

第四章的实验证明了分娩后注射氟尼辛葡甲胺对奶牛分娩应激具有一定的缓解作用，可在不同时间点显著降低奶牛分娩后血液中 cortisol 和 MDA 的水平，增强机体的抗氧化系统 TAOC 和 T-SOD 的活性。为了进一步探讨分娩后注射氟尼辛葡甲胺用于缓解奶牛分娩应激的有效性和可行性，本章通过动物临床实验观察奶牛分娩后注射氟尼辛葡甲胺对血糖、血钙、血磷和血液中 β-羟丁酸等血液生化指标的影响；奶牛分娩后注射氟尼辛葡甲胺对牛奶中体细胞数、乳质成分(乳脂、蛋白、乳糖、非脂固形物、干物质)的影响；奶牛分娩后注射氟尼辛葡甲胺对 21 d 平均产奶量、高峰日产奶量、产奶高峰出现时间、90 d 平均产奶量等生产性能指标及分娩后疾病发生率的影响。

动物实验在北京郊区某奶牛场进行。实验选取临床健康、体况正常(体况评分 3.0～3.5)、2～5 胎次、自然分娩的经产牛 50 头(难产及胎衣不下者淘汰)作为研究对象，TMR 常规饲养，自由采食。实验奶牛在预产期前 1～2 天进入待产圈，分娩后在产房内监护 7 d。

将实验奶牛随机分为对照组和实验组，每组 25 头。实验组于分娩后第 1 天、分娩后第 2 天、分娩后第 3 天按 2 mg/kg 的剂量肌内注射氟尼辛葡甲胺；于分娩后第 7 天采血 2 份(每份 5 mL，一份用于测血钙、磷、糖，另一份用于测 β-羟丁酸)；于分娩后第 20 天采集奶样，检测体细胞数和乳质成分(乳脂、蛋白、干物质、非脂固形物、乳糖)。对照组分娩后不注射氟尼辛葡甲胺，奶样和血样的采集、处理、检测指标与实验组相同。对照组与实验组饲养管理条件完全相同。所有实验奶牛均统计 21 d 平均产奶量、产奶高峰日出现时间、高峰日产奶量和 90 d 平均产奶量等指标，并对分娩后第 90 天内奶牛乳腺炎、真胃变位、腹泻、酮病、子宫内膜炎疾病发生情况和淘汰情况进行统计和分析。

第一节　氟尼辛葡甲胺对血液生化指标的影响

血糖、血钙、血磷、血酮是评价奶牛分娩后健康状态常用的血液生化指标。血糖水平的高低可以一定程度上反映分娩后奶牛能量负平衡状态；低血钙是奶牛围产期常见的一种营养代谢性疾病，会引起分娩后瘫痪、前胃驰缓和真胃变位等疾病的发生，多发于分娩或分娩后 3～4 天；低磷血症会引起骨软症和异嗜症；奶牛酮病是围产期最常见的一种以低血糖、高游离脂肪酸及高血酮为特征的营养代谢病，尤其高产奶牛多发。目前，公认的诊断为酮病的指标是血浆或血清中 β-羟丁酸的水平。为进一步探讨氟尼辛葡甲胺对血液生化指标的影响，我们将血液中的糖、钙、磷和 β-羟丁酸作为检测水平。

一、钙、磷、糖的测定

奶牛分娩后第 7 天尾静脉采血，分离血清，漩涡混匀器混匀后入血液生化分析仪，测定含量。

二、β-羟丁酸的测定

在奶牛分娩后第 7 天尾静脉采血，现场用酮体试纸条和酮体快速测定仪测定。

在奶牛分娩后第 7 天，实验组与对照组的奶牛血清中钙、磷、糖、β-羟丁酸的含量见表 5-1；实验组与对照组的血清中的钙、磷、糖、β-羟丁酸的含量见图 5-1。由表 5-1 和图 5-1 可知，实验组血糖的含量为 409.06 mg/L，对照组血糖的含量 272.80 mg/L，实验组显著高于对照组（$P<0.01$）；实验组血液中钙的含量略高于对照组，差异不显著（$P>0.05$）；实验组血液中磷和 β-羟丁酸的含量略低于对照组，差异不显著（$P>0.05$）。

表 5-1　实验组与对照组的血液中的钙、磷、糖、β-羟丁酸的含量测定结果

组别	钙/(mg/L)	磷/(mg/L)	糖/(mg/L)	β-羟丁酸/(mmol/L)
对照组	88.80±1.90	49.40±1.70	272.80±26.90^{A}	1.51±0.21
实验组	91.70±1.40	44.50±2.30	409.60±17.40^{B}	1.21±0.15

注：Mean±SD，($n=25$)；同列数据肩标大写字母不同表示差异极显著（$P<0.01$）。

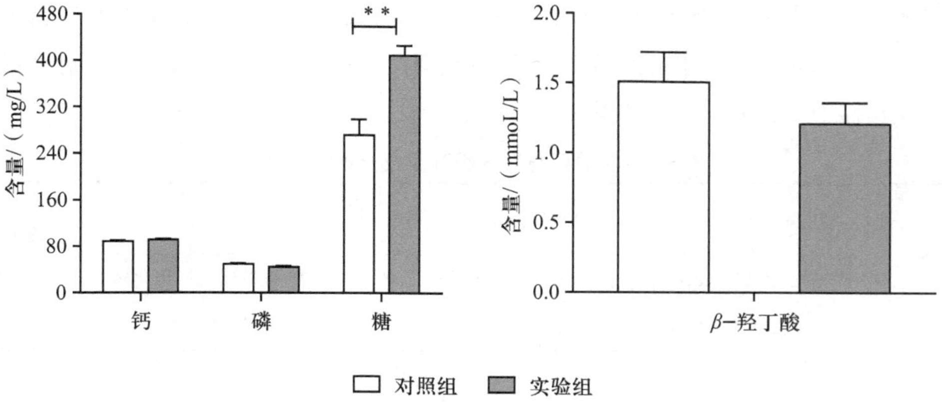

* * 表示差异显著（$P<0.01$）。

图 5-1 实验组与对照组钙、磷、糖、β-羟丁酸的含量比较

第二节 氟尼辛葡甲胺对乳质成分的影响

乳质成分检测是通过乳质分析仪对牛奶样品中的乳脂、蛋白、乳糖、干物质、非脂固形物等进行评价，乳质分析仪可将其以百分比的形式显示。体细胞数是每毫升牛奶中体细胞的个数，牛奶中体细胞数越高表明体内的白细胞与炎症斗争的时间越长，表明感染越严重。体细胞数是对牛奶质量评价和乳房健康状况评价的重要指标。为此，我们对牛奶样品进行了乳质成分检测和体细胞数检测。

一、乳质成分检测

取牛奶样品 50 mL 恢复至室温后，纱布过滤，吸入乳品成分分析仪检测，测量 3 次，取平均值。

二、体细胞数检测

牛奶室温放置 0.5 h 后，摇匀，取 0.5 mL 的奶，加入 0.5 mL 裂解缓冲液，混匀，取样器吸入混合液，放入体细胞检测仪，读数。

在奶牛分娩后第 20 天采集奶样，实验组与对照组的牛奶质量控制成分及体细胞数的检测结果见表 5-2；实验组与对照组的牛奶乳质成分及体细胞数的比较见图 5-2。由表 5-2 和图 5-2 可知，实验组与对照组在分娩后第 20 天的牛奶中的乳脂、蛋白、干物质、非脂固形物、乳糖的含量指标无显著差异($P>0.05$);实验组牛奶中的体细胞数低于对照组,但差异不显著($P>0.05$)。表明分娩后注射氟尼辛葡甲胺对上述指标无显著影响。

表 5-2 实验组与对照组乳质成分的测定结果

组别	乳脂/%	蛋白/%	干物质/%	非脂固形物/%	乳糖/%	体细胞数/(万个/mL)
对照组	6.89±2.97	2.52±0.42	14.94±3.13	7.39±0.53	4.70±0.50	49.21±14.70
实验组	6.65±2.72	2.41±0.33	14.81±2.78	7.44±0.41	4.85±0.30	38.44±10.48

注:Mean±SD,($n=25$)。

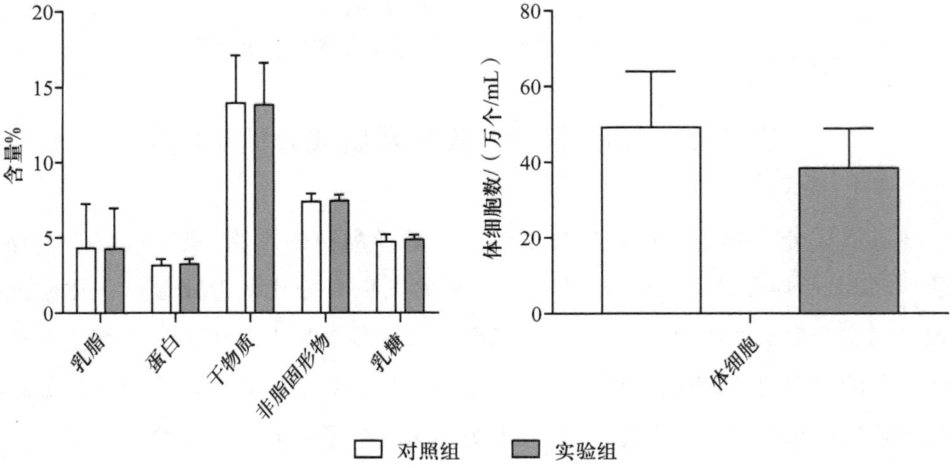

图 5-2 实验组与对照组的乳质成分比较

第三节 氟尼辛葡甲胺对产奶量相关指标的影响

奶牛一个泌乳周期的产奶量与 21 d 平均产奶量、高峰日产奶量、产奶高峰出现时间、90 d 平均产奶量等指标密切相关,因此本实验对全部实验 50 头奶牛进行跟踪调查,记录每日产奶量,统计分析出 21 d 平均产奶量、产奶高峰日出现时间,高峰日产奶量和 90 d 平均产奶量。数据使用 SPSS 18.0 进行独立样本的 t 检验,并用 Excel 软件统计分析,Prism5.0 软件绘图。

上述指标的统计结果见表 5-3,实验组与对照组比较见图 5-3。由表 5-3 可知,实验组 21 d 平均产奶量和 90 d 平均产奶量略高于对照组,但差异不显著($P>0.05$)。

表 5-3　实验组与对照组的产奶量相关的指标记录

组别	21 d 平均产奶量/kg	高峰日产奶量/kg	产奶高峰出现时间/d	90 d 平均产奶量/kg
对照组	29.46±5.49	47.24±9.42	62.48±21.95	36.40±9.32
实验组	31.86±4.40	47.35±6.36	62.80±16.42	38.59±5.34

注：Mean±SD，(n=25)。

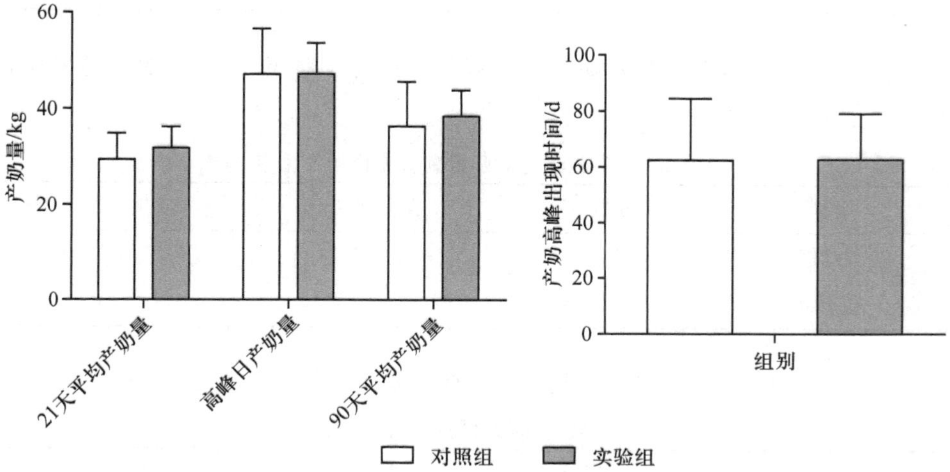

图 5-3　实验组与对照组产奶量相关指标比较

第四节　氟尼辛葡甲胺对分娩后疾病发生率的影响

对全部实验 50 头奶牛进行跟踪调查，对分娩后 90 天内乳腺炎、真胃变位、腹泻、酮病、子宫内膜炎等疾病的发生率和死淘率进行统计分析，实验组与对照组的奶牛在分娩后 90 天内的死淘情况见表 5-4，实验组与对照组的奶牛在分娩后 90 天内乳腺炎、真胃变位、腹泻、酮病、子宫内膜炎的发病情况分别见表 5-5 至表 5-9。实验组真胃变位、腹泻、酮病和子宫内膜炎的发病情况与对照组无差异；实验组的奶牛乳腺炎的发生率和死淘率比对照组低 8%；统计学差异不显著。

表 5-4　实验组与对照组的死淘率

组别	分娩/头	淘汰/头	死淘率/%
对照组	25	2	8
实验组	25	0	0

由表 5-4 可知，实验组的死淘率为 0%，低于对照组 8%；经卡方检验，$P>0.05$，差异不显著。

表 5-5　实验组与对照组乳腺炎的发生率

组别	分娩/头	乳腺炎/头	发生率/%
对照组	25	3	12
实验组	25	1	4

由表 5-5 可知，实验组乳腺炎发生率为 4%，低于对照组 12%，经卡方检验，$P>0.05$，差异不显著。

表 5-6　实验组与对照组真胃变位的发生率

组别	分娩/头	真胃变位/头	发生率/%
对照组	25	1	4
实验组	25	1	4

由表 5-6 可知，对照组与实验组真胃变位发生率均为 4%，无差异。

表 5-7　实验组与对照组腹泻的发生率

组别	分娩/头	腹泻/头	发生率/%
对照组	25	1	4
实验组	25	1	4

由表 5-7 可知，实验组与对照组分娩后腹泻发生率均为 4%，无差异。

表 5-8　实验组与对照组酮病的发生率

组别	分娩/头	酮病/头	发生率/%
对照组	25	1	4
实验组	25	1	4

由表 5-8 可知，实验组与对照组酮病的发生率均为 4%，无差异。

表 5-9　实验组与对照组子宫内膜炎的发生率

组别	分娩/头	子宫内膜炎/头	发生率/%
对照组	25	1	4
实验组	25	1	4

由表 5-9 可知，实验组子宫内膜炎的发生率与对照组均为 4%，无差异。

第五节　氟尼辛葡甲胺对奶牛血液生化指标和生产性能影响的分析与探讨

一、分娩后注射氟尼辛葡甲胺对血液生化指标的影响

奶牛妊娠末期和泌乳早期能量代谢需要的增加，导致奶牛处于能量负平衡状态，再加上分娩过程中子宫和腹肌收缩使奶牛机体能量消耗比较大，进一步加重了能量负平衡。血糖水平的高低可以在一定程度上反映分娩后奶牛能量负平衡状态。徐闯(2016)等报道奶牛分娩当天血糖质量浓度升高，分娩后逐渐降低，慢慢趋于平缓；李俊杰(2014)等报道，奶牛分娩后血糖质量浓度有所升高，随后降低，分娩后第 7 天最低；因此检测分娩后第 7 天的血糖质量浓度具有重要意义。在本次实验中发现分娩后第 7 天对照组血糖的质量浓度显著低于实验组($P<0.01$)，表明分娩后注射氟尼辛葡甲胺可缓解奶牛分娩后的低血糖症状，一定程度上缓解了能量负平衡。其机理可能与注射氟尼辛葡甲胺后奶牛疼痛减轻、舒适度提高、采食量有所回升、免疫功能有所恢复有关系。

奶牛酮病是围产期最常见的一种以低血糖、高游离脂肪酸及高血酮为特征的营养代谢病，尤其以高产奶牛多发。目前，公认酮病的确诊指标是血浆或血清中 β-羟丁酸的水平。但在该次实验中，实验组奶牛在分娩后第 7 天 β-羟丁酸的含量略低于对照组，差异不显著($P>0.05$)，表明注射氟尼辛葡甲胺对血酮无显著影响，该实验结果与侯引绪等的报道相一致。

低血钙是奶牛围产期常见的一种营养代谢性疾病，会引起分娩后瘫痪、前胃弛缓和真胃变位等疾病的发生，多发于分娩或分娩后 3～4 天，我国一些规模化奶牛场高产奶牛亚临床型低血钙的发生率高达 40%。在该实验中，对照组第 7 天血钙的平均含量为 88.80 mg/L，低于成年母牛血浆总钙量的 90～100 mg/L，处于低血钙状态，而实验组血液中的平均钙含量为 91.70 mg/L，略高于对照组，无统计学差异($P>0.05$)。实验组在分娩后第 7 天血磷的含量略低于对照组，但差异不显著($P>0.05$)，且均在正常值范围内(40～60 mg/L)，表明注射氟尼辛葡甲胺对血磷、血钙无显著影响。

二、分娩后注射氟尼辛葡甲胺对生产性能的影响

近年来，对奶牛产奶量的预测模型研究比较活跃，但无论哪种模型均与 305 d 产奶量和高峰产量、泌乳高峰出现时间等指标有关系。刘红霞(2009)等报道奶牛高峰日产奶量和 305 d 产奶量存在高度的正相关，相关系数为 0.6～0.9。当高峰日产奶量增加 1 kg，通过模型模拟的 305 d 产奶量的增加量为 232 kg。在该次实验中，21 d 平均产奶量、高峰日产奶量和 90 d 平均产奶量实验组略高于对照组，但统计学差异不显著($P>0.05$)。牛奶中体细胞数和乳脂、蛋白、乳糖、非脂固形物、干物质的比例是评价乳品品质的重要指标，在该次实验中实验组的体细胞数低于对照组，但统计学差异不显著($P>0.05$)；乳脂率、蛋白率、乳糖、非脂固形物、干物质等指标也没有显著性差异($P>0.05$)，表明注射氟尼辛葡甲胺对体细胞数和乳质成分无影响。此外，该实验发现乳脂率和蛋白率数值与生产实践中的数据相比略有差异，该差异与仪器的校正有关系，为了保证两组样品检测条件的一致性，保证数据的可比性未做任何调整。

三、分娩后注射氟尼辛葡甲胺对分娩后疾病发生率的影响

在对实验奶牛发病情况进行跟踪记录后，统计分析发现实验组乳腺炎的发生率和死淘率低于对照组，其中实验组乳腺炎的发生率为 4%，对照组乳腺炎的发生率为 12%；实验组的死淘率为 0%，对照组的死淘率为 8%(因乳腺炎被淘汰)。实验结果提示，分娩后注射氟尼辛葡甲胺可能有降低乳腺炎发生率的作用。由于样本数量的限制，统计学差异不显著，有待于进一步研究。

第六节　小结

奶牛在分娩后注射氟尼辛葡甲胺可显著升高其血糖，对钙、磷和 β-羟丁酸的含量无显著性影响。奶牛在分娩后注射氟尼辛葡甲胺对乳质成分无影响；奶牛分娩后注射氟尼辛葡甲胺可提高 21 d 平均产奶量和 90 d 平均产奶量；该实验数据还显示，分娩后注射氟尼辛葡甲胺对奶牛分娩后疾病(乳腺炎、真胃变位、腹泻、酮病和子宫内膜炎)的发生率无不良影响。

第六章

氟尼辛葡甲胺对奶牛分娩后疾病发生率影响的临床分析

为了进一步探讨氟尼辛葡甲胺对分娩后疾病发生率的影响，本研究对实验牛场使用氟尼辛葡甲胺前后的奶牛乳腺炎、真胃变位、蹄病、酮病、子宫内膜炎的年发生率及年死淘率进行了统计分析。

北京郊区某牛场自 2014 年 6 月使用氟尼辛葡甲胺（分娩后注射氟尼辛葡甲胺，2 mg/kg，1 次/d，连用 3 d）。收集该牛场在氟尼辛葡甲胺使用前 12 个月（2013 年 1—12 月）与使用后 12 个月（2015 年 1—12 月）的生产数据资料（其间饲料及生产管理情况未发生较大变化），对该牛场的临床病例资料进行整理，数据采用 Excel 软件统计，并进行卡方检验，分析得到该牛场使用氟尼辛葡甲胺前后的乳腺炎、真胃变位、蹄病、酮病、子宫内膜炎的发生率和死淘率的变化结果。

第一节　氟尼辛葡甲胺对乳腺炎发生率的影响

该牛场使用氟尼辛葡甲胺前 12 个月，每个月乳腺炎的发病情况见表 6-1；使用氟尼辛葡甲胺后 12 个月，每个月乳腺炎的发病情况见表 6-2；使用氟尼辛葡甲胺前后乳腺炎的年发病情况比较见表 6-3。使用氟尼辛葡甲胺前乳腺炎的年发生率为 41.84%，使用后乳腺炎的年发生率为 35.22%。经卡方检验，经检验后卡方值为 13.21，$P<0.01$，表明使用氟尼辛葡甲胺前后奶牛乳腺炎的发生率差异极其显著，使用氟尼辛葡甲胺后可极显著降低奶牛乳腺炎的发生率。

表 6-1　使用氟尼辛葡甲胺前乳腺炎的发病情况

月份	成年母牛/头	乳腺炎/头	发生率/%
1	1 481	51	3.44
2	1 427	41	2.87

续表6-1

月份	成年母牛/头	乳腺炎/头	发生率/%
3	1 395	47	3.37
4	1 335	52	3.90
5	1 304	46	3.53
6	1 298	50	3.85
7	1 363	46	3.37
8	1 388	57	4.11
9	1 361	40	2.94
10	1 481	56	3.78
11	1 395	55	3.94
12	1 462	41	2.80

表 6-2 使用氟尼辛葡甲胺后乳腺炎的发病情况

月份	成年母牛/头	乳腺炎/头	发病率/%
1	1 451	36	2.48
2	1 434	41	2.86
3	1 438	38	2.64
4	1 439	33	2.29
5	1 434	39	2.72
6	1 474	44	2.99
7	1 473	45	3.05
8	1 468	49	3.34
9	1 469	52	3.54
10	1 487	45	3.03
11	1 507	53	3.52
12	1 502	41	2.73

表 6-3 使用氟尼辛葡甲胺前后乳腺炎的年发病情况

组别	年均成年母牛/头	年总乳腺炎/头	年发生率/%
使用前	1 391	582	41.84^{A}
使用后	1 465	516	35.22^{B}

注：同列数据肩标大写字母不同表示差异极显著（$P<0.01$）

第二节 氟尼辛葡甲胺对真胃变位发生率的影响

该牛场使用氟尼辛葡甲胺前 12 个月，每个月真胃变位的发病情况见表 6-4；使用氟尼辛葡甲胺后 12 个月，每个月真胃变位的发病情况见表 6-5；使用氟尼辛葡甲胺前后真胃变位的年发病情况比较见表 6-6。使用氟尼辛葡甲胺前真胃变位的年发生率为 10.42%，使用后真胃变位的年发生率为 8.19%。经卡方检验，检验后卡方值为 4.23，$P<0.05$，表明使用氟尼辛葡甲胺前后奶牛真胃变位的发生率差异显著，使用氟尼辛葡甲胺后可显著降低奶牛真胃变位的发生率。

表 6-4 使用氟尼辛葡甲胺前真胃变位的发病情况

月份	成年母牛/头	真胃变位/头	发生率/%
1	1 481	16	1.08
2	1 427	14	0.98
3	1 395	10	0.72
4	1 335	12	0.90
5	1 304	12	0.92
6	1 298	13	1.00
7	1 363	10	0.73
8	1 388	11	0.79
9	1 361	10	0.73
10	1 481	13	0.88
11	1 395	9	0.65
12	1 462	15	1.03

表 6-5 使用氟尼辛葡甲胺后真胃变位的发病情况

月份	成年母牛/头	真胃变位/头	发生率/%
1	1 451	8	0.55
2	1 434	12	0.84
3	1 438	9	0.63

续表6-5

月份	成年母牛/头	真胃变位/头	发生率/%
4	1 439	11	0.76
5	1 434	10	0.70
6	1 474	12	0.81
7	1 473	13	0.88
8	1 468	8	0.54
9	1 469	10	0.68
10	1 487	7	0.47
11	1 507	9	0.60
12	1 502	11	0.73

表 6-6 使用氟尼辛葡甲胺前后真胃变位的年发病情况

组别	年均成年母牛/头	年总真胃变位/头	年发生率/%
使用前	1 391	145	10.42[a]
使用后	1 465	120	8.19[b]

注:同列数据肩标小写字母不同表示差异显著($P<0.05$)。

第三节 氟尼辛葡甲胺对腹泻发生率的影响

该牛场使用氟尼辛葡甲胺前 12 个月,每个月腹泻的发病情况见表 6-7;使用氟尼辛葡甲胺后 12 个月,每个月腹泻的发病情况见表 6-8;使用氟尼辛葡甲胺前后腹泻的年发病情况比较见表 6-9。使用氟尼辛葡甲胺前腹泻的年发生率为 27.03%,使用后真胃变位的年发病率为 23.89%。经卡方检验,卡方值为 3.71,$P>0.05$,表明使用氟尼辛葡甲胺对奶牛腹泻的发生率影响不显著。

表 6-7 使用氟尼辛葡甲胺前腹泻的发病情况

月份	成年母牛/头	腹泻/头	发生率/%
1	1 481	25	1.69
2	1 427	23	1.61
3	1 395	19	1.36

续表6-7

月份	成年母牛/头	腹泻/头	发生率/%
4	1 335	39	2.92
5	1 304	46	3.53
6	1 298	35	2.70
7	1 363	34	2.49
8	1 388	18	1.30
9	1 361	20	1.47
10	1 481	32	2.16
11	1 395	40	2.87
12	1 462	45	3.08

表 6-8　使用氟尼辛葡甲胺后腹泻的发病情况

月份	成年母牛/头	腹泻/头	发生率/%
1	1 451	50	3.45
2	1 434	45	3.14
3	1 438	34	2.36
4	1 439	20	1.39
5	1 434	22	1.53
6	1 474	24	1.63
7	1 473	27	1.83
8	1 468	29	1.98
9	1 469	24	1.63
10	1 487	25	1.68
11	1 507	22	1.46
12	1 502	28	1.86

表 6-9　使用氟尼辛葡甲胺前后腹泻的年发病情况

组别	年均成年母牛/头	年总腹泻/头	年发生率/%
使用前	1 391	376	27.03
使用后	1 465	350	23.89

第四节　氟尼辛葡甲胺对蹄病发生率的影响

该牛场使用氟尼辛葡甲胺前 12 个月，每个月蹄病的发病情况见表 6-10；使用氟尼辛葡甲胺后 12 个月，每个月蹄病的发病情况见表 6-11；使用氟尼辛葡甲胺前后蹄病的年发病情况比较见表 6-12。由表 6-12 可知，使用氟尼辛葡甲胺前奶牛蹄病的年发生率为 27.10%，使用后奶牛蹄病的年发生率为 22.46%。经卡方检验，卡方值为 4.99，$P<0.05$，表明使用氟尼辛葡甲胺对奶牛蹄病的发生率影响显著。

表 6-10　使用氟尼辛葡甲胺前蹄病的发病情况

月份	成年母牛/头	蹄病/头	发生率/%
1	1 481	30	2.03
2	1 427	25	1.75
3	1 395	26	1.86
4	1 335	9	0.67
5	1 304	32	2.45
6	1 298	26	2.00
7	1 363	35	2.57
8	1 388	45	3.24
9	1 361	48	3.53
10	1 481	51	3.44
11	1 395	25	1.79
12	1 462	25	1.71

表 6-11　使用氟尼辛葡甲胺后蹄病的发病情况

月份	成年母牛/头	蹄病/头	发生率/%
1	1 451	26	1.79
2	1 434	34	2.37
3	1 438	20	1.39
4	1 439	35	2.43

续表6-11

月份	成年母牛/头	蹄病/头	发生率/%
5	1 434	39	2.72
6	1 474	20	1.36
7	1 473	26	1.77
8	1 468	31	2.11
9	1 469	26	1.77
10	1 487	25	1.68
11	1 507	21	1.39
12	1 502	26	1.73

表 6-12　使用氟尼辛葡甲胺前后蹄病的年发病情况

组别	年均成年母牛/头	年总蹄病/头	年发生率/%
使用前	1 391	377	27.10[a]
使用后	1 465	329	22.46[b]

注:同列数据肩标小写字母不同表示差异显著($P<0.05$)

第五节　氟尼辛葡甲胺对子宫内膜炎发生率的影响

该牛场使用氟尼辛葡甲胺前 12 个月,每个月子宫内膜炎的发病情况见表 6-13;使用氟尼辛葡甲胺后 12 个月,每个月子宫内膜炎的发病情况见表 6-14;使用氟尼辛葡甲胺前后子宫内膜炎的年发病情况比较见表 6-15。由表 6-15 可知,使用氟尼辛葡甲胺前奶牛子宫内膜炎的年发生率为 17.11%,使用氟尼辛葡甲胺后奶牛子宫内膜炎的年发生率为 16.93%,经检验后,卡方值为 0.02,$P>0.05$,表明使用氟尼辛葡甲胺对子宫内膜炎发生率无显著性影响。

表 6-13　使用氟尼辛葡甲胺前子宫内膜炎的发病情况

月份	成年母牛/头	子宫内膜炎/头	发生率/%
1	1 481	21	1.42
2	1 427	17	1.19
3	1 395	17	1.22

续表6-13

月份	成年母牛/头	子宫内膜炎/头	发生率/%
4	1 335	9	0.67
5	1 304	21	1.61
6	1 298	21	1.62
7	1 363	27	1.98
8	1 388	19	1.37
9	1 361	16	1.18
10	1 481	22	1.49
11	1 395	20	1.43
12	1 462	28	1.92

表 6-14　使用氟尼辛葡甲胺后子宫内膜炎的发病情况

月份	成年母牛/头	子宫内膜炎/头	发生率/%
1	1 451	18	1.24
2	1 434	37	2.58
3	1 438	37	2.57
4	1 439	41	2.85
5	1 434	28	1.95
6	1 474	17	1.15
7	1 473	14	0.95
8	1 468	18	1.23
9	1 469	7	0.48
10	1 487	22	1.48
11	1 507	10	0.66
12	1 502	19	1.26

表 6-15　使用氟尼辛葡甲胺前后子宫内膜炎的年发病情况

组别	年均成年母牛/头	年总子宫内膜炎/头	年发生率/%
使用前	1 391	238	17.11
使用后	1 465	248	16.93

第六节　氟尼辛葡甲胺对酮病发生率的影响

该牛场使用氟尼辛葡甲胺前12个月，每个月酮病的发病情况见表6-16；使用氟尼辛葡甲胺后12个月，每个月酮病的发病情况见表6-17；使用氟尼辛葡甲胺前后酮病的年发病情况比较见表6-18。由表6-18可知，使用氟尼辛葡甲胺后奶牛酮病的年发生率为4.98%，低于使用前的年发生率6.40%，经检验后，卡方值为2.67，$P>0.05$，差异不显著，表明使用氟尼辛葡甲胺对奶牛酮病发生率无显著性影响。

表6-16　使用氟尼辛葡甲胺前酮病的发病情况

月份	成年母牛/头	酮病/头	发生率/%
1	1 481	8	0.54
2	1 427	8	0.56
3	1 395	5	0.36
4	1 335	8	0.60
5	1 304	8	0.61
6	1 298	9	0.69
7	1 363	7	0.51
8	1 388	6	0.43
9	1 361	8	0.59
10	1 481	8	0.54
11	1 395	6	0.43
12	1 462	8	0.55

表6-17　使用氟尼辛葡甲胺后酮病的发病情况

月份	成年母牛/头	酮病/头	发生率/%
1	1 451	6	0.41
2	1 434	11	0.77
3	1 438	9	0.63
4	1 439	6	0.42

续表6-17

月份	成年母牛/头	酮病/头	发生率/%
5	1 434	7	0.49
6	1 474	6	0.41
7	1 473	6	0.41
8	1 468	5	0.34
9	1 469	5	0.34
10	1 487	4	0.27
11	1 507	4	0.27
12	1 502	4	0.27

表 6-18 使用氟尼辛葡甲胺前后酮病的年发病情况

组别	年均成年母牛/头	年总酮病/头	年发生率/%
使用前	1 391	89	6.40
使用后	1 465	73	4.98

第七节 氟尼辛葡甲胺对成年母牛死淘率的影响

该牛场使用氟尼辛葡甲胺前 12 个月，每个月成年母牛的死淘情况见表 6-19；使用氟尼辛葡甲胺后 12 个月，每个月的成年母牛的死淘情况见表 6-20；使用氟尼辛葡甲胺前后成年母牛的年死淘情况比较见表 6-21。由表 6-21 可知，使用氟尼辛葡甲胺前成年母牛的年死淘率为 23.29%，使用氟尼辛葡甲胺后成年母牛的年死淘率为 20.34%，经检验，卡方值为 3.65，$P>0.05$，表明使用氟尼辛葡甲胺前后成年母牛的死淘率差异不显著。

表 6-19 使用氟尼辛葡甲胺前成年母牛的死淘情况

月份	成年母牛/头	死淘/头	死淘率/%
1	1 481	23	1.55
2	1 427	25	1.75
3	1 395	33	2.37
4	1 335	20	1.50

续表6-19

月份	成年母牛/头	死淘/头	死淘率/%
5	1 304	20	1.53
6	1 298	25	1.93
7	1 363	42	3.08
8	1 388	35	2.52
9	1 361	27	1.98
10	1 481	26	1.76
11	1 395	20	1.43
12	1 462	28	1.92

表 6-20　使用氟尼辛葡甲胺后成年母牛的死淘情况

月份	成年母牛/头	死淘/头	死淘率/%
1	1 451	21	1.45
2	1 434	27	1.88
3	1 438	20	1.39
4	1 439	25	1.74
5	1 434	26	1.81
6	1 474	23	1.56
7	1 473	31	2.10
8	1 468	24	1.63
9	1 469	29	1.97
10	1 487	23	1.55
11	1507	26	1.73
12	1 502	23	1.53

表 6-21　使用氟尼辛葡甲胺前后成年母牛的年死淘情况

组别	年均成年母牛/头	年总死淘/头	年死淘率/%
使用前	1 391	324	23.29
使用后	1 465	298	20.34

第八节 氟尼辛葡甲胺对奶牛分娩后疾病发生率影响的分析与探讨

一、氟尼辛葡甲胺对奶牛乳腺炎发生率的影响

奶牛从妊娠到分娩再到泌乳，经历了一系列的生理变化过程，在此过程中奶牛体内氧自由基增加与抗氧化防御能力的不平衡很容易引起奶牛的氧化应激。Aitken(2009)等比较了抗氧化因子的表达与炎症因子产生的关系，证明氧化应激可能是围产期奶牛易感染乳腺炎的根本原因。Aggarwal(2012)等研究发现，分娩后血浆免疫球蛋白质量浓度下降，围产期免疫功能受到抑制，导致乳腺炎和子宫炎发生；因为免疫细胞对氧化损伤特别敏感，免疫细胞的细胞膜含有高质量浓度的多不饱和脂肪酸，更容易受到过氧化反应。Sordillo(2009)等报道围产期的氧化应激，尤其是分娩期间的氧化应激可能是奶牛炎症和免疫功能紊乱的主要原因。在围产期和哺乳期，奶牛的乳腺易受氧化应激损伤，诱发乳腺炎等代谢性疾病，其中泌乳开始阶段是乳腺最容易受到氧化应激损伤的阶段。据报道，氧化应激增加了炎症细胞因子的表达，引起组织损伤，炎症因子在金黄色葡萄球菌、大肠埃希菌和链球菌性乳腺炎发生过程中起重要作用；在氧化应激过程中，肿瘤坏死因子、白介素-1、白介素-6 和白介素-8 参与了大肠埃希菌乳腺炎的发病过程。从该实验结果来看，分娩后注射氟尼辛葡甲胺显著降低了乳腺炎的发生率，可能与氟尼辛葡甲胺能减轻氧化应激损伤，提高抗氧化能力有直接关系。

二、氟尼辛葡甲胺对蹄病发生率的影响

氧化应激损伤在蹄病发生过程中发挥了重要作用。Al-Qudah 等研究发现患有蹄病的奶牛抗氧化防御系统受损，血浆中的硫代巴比妥酸反应物质水平明显升高，还原型谷胱甘肽和 SOD 活性水平显著下降，表明氧化损伤与跛行发病有很强的相关性。Khaled(2012)等也发现当奶牛出现蹄病时，与抗氧化能力相关的过氧化物酶(CAT)的水平会明显降低。

微量元素锌、铜、锰在蛋白质合成、机体代谢、结缔组织形成和免疫系统功

能等方面发挥着重要作用，这些微量元素还影响牛蹄甲的完整性。Nocek(2000)等证实补充微量矿物质(如铜、锌和锰)有助于减少跛行的发生。李忠鹏(2014)等研究发现，蹄病组奶牛蹄角质、被毛及血清中 Cu、Zn、Mn 等微量元素的含量均低于对照组；由于 SOD、CAT 和 GSH-Px 属于金属离子依赖性抗氧化剂，金属离子含量的降低导致 SOD、CAT 和 GSH-Px 活性下降，不能有效对抗氧化应激损伤，从而使 MDA 的含量上升，最终导致奶牛肢蹄病的发生。

在该实验中，奶牛分娩后注射氟尼辛葡甲胺可显著降低蹄病的发生率，结合之前的研究结果，我们推断可能有两方面的原因：①氟尼辛葡甲胺通过镇痛增强抗氧化能力，降低氧化应激损伤从而导致蹄病发生率的降低；②注射氟尼辛葡甲胺引起了微量元素的重新分布，改善了微量元素在蹄部的分布，从而降低了蹄病的发生率。总之，微量元素、抗氧化体系与蹄病存在密切的关系。此外，蹄病受牛场环境、季节气候、技术人员修蹄水平的影响较大，氟尼辛葡甲胺对蹄病的影响尚待进一步验证。

三、氟尼辛葡甲胺对真胃变位发生率的影响

真胃变位发生的原因目前尚无定论，但是该病的发生与分娩有关系。有人认为发生的主要危险时期是在产犊后的第 1 个月内，随着胎次的增加，该病发生的概率也逐渐增高；张国士(2003)等统计了 263 头真胃变位奶牛发现，以 2～4 胎奶牛多发，分娩后 30 天为真胃变位高发期，发生率可达 68.8%。Massey(1993)等测定了 510 头荷斯坦奶牛分娩时的血清总钙离子质量浓度，研究发现分娩时低血钙奶牛左方真胃变位的发生率是正常血钙奶牛发生率的 4.8 倍。在该实验中发现，在分娩后注射氟尼辛葡甲胺，奶牛真胃变位的发生率出现了明显的下降趋势，但是注射氟尼辛葡甲胺对血钙质量浓度未见显著性差异，因此真胃变位发生率降低的作用机制尚不清楚，有待于进一步研究。

对难产和剖宫产的奶牛进行镇痛已经得到欧美兽医行业的认可，英国 66% 的难产牛和 68% 的剖宫产牛会使用非甾体抗炎药镇痛，新西兰的使用比例分别是 72% 和 83%。有学者认为正常分娩的奶牛也会发生疼痛和炎症。由于非甾体消炎药具有镇痛和抗炎作用，它有益于改善奶牛的健康、生产力和生育力。此外，分娩后镇痛除了可以提高奶牛的舒适度，它对于改善动物福利也是一项重要措施。

第九节　小结

通过该实验发现，临床应用氟尼辛葡甲胺可显著降低奶牛乳腺炎、真胃变位和蹄病的发生率；其作用机制可能与机体抗氧化能力的增强、微量元素的重新分布有密切关系。由于奶牛乳腺炎和蹄病的发生率受环境因素影响较大，尚需更大数量的样本来重复证明。

第七章

肌内注射氟尼辛葡甲胺在奶牛体内的药代动力学研究

第四章至第六章的研究结果表明，分娩后注射氟尼辛葡甲胺可以缓解分娩应激，增强机体的抗氧化能力；可显著改善奶牛分娩后低血糖，可提高 21 d 平均产奶量和 90 d 平均产奶量；可显著降低奶牛乳腺炎、真胃变位和蹄病的发生率。目前，国内一些牛场也逐步意识到分娩后镇痛的重要性，通过分娩后注射氟尼辛葡甲胺药物的方法来缓解由疼痛所造成的分娩应激。氟尼辛葡甲胺在促进奶牛分娩后生理代谢功能恢复、预防围产后期代谢病方面获得了良好效果。但该药物在奶牛体内的代谢情况是怎样的？目前，缺少相关的系统研究和理论根据。因此，该实验采用高效液相色谱法检测氟尼辛葡甲胺在奶牛体内的代谢情况，为该药物的安全使用提供了理论依据。

第一节　实验动物选取及所需仪器设备

一、实验动物

健康成年母牛（无难产、无胎衣不下）5 头，体重（500±25) kg，北京大兴区某奶牛场提供，圈养，自由采食饮水，TMR 饲喂。

二、实验仪器

高效液相色谱仪（SPD-20AV/LC-20AT 型）购自日本岛津公司；高速离心机（GTR22-1 型）购自北京时代北利离心机有限公司；微量加样器（赛多利斯科技有限公司）、旋涡混合仪（WH-1 型）购自上海沪西分析仪器厂；分析天平（AEL-120 型）购自日本岛津公司。

三、药品与化学试剂

氟尼辛葡甲胺标准品购自 Sigma 公司；5%氟尼辛葡甲胺注射液购自北京华秦源药业科技有限公司；色谱纯甲醇购自飞世尔科技公司。

第二节　血清样品的采集及前处理

一、血清样品的采集

选取健康成年母牛(耳标为 11487、11326、11384、11331、11370)作为实验对象，编号为 1、2、3、4、5，分别于分娩后 4 h(胎衣排出后)肌内注射给药，给药剂量为按每千克体重 2 mg。给药后分别于 0 min、15.0 min、45.0 min、1.0 h、1.5 h、2.5 h、6.0 h、8.0 h、24.0 h、48.0 h 采血，每次采血 3～5 mL。迅速置于含肝素的离心管中，混匀，4 000 r/min 离心 15 min，分离血浆，吸取上层血浆置于离心管中，于 −20℃冰箱保存，待测。

二、血清样品的前处理

取 0.2 mL 血浆于离心管中，逐滴加入 0.3 mL 的乙腈，涡动 2 min；12 000 r/min，离心 10 min，取上清液，用 0.22 μm 微孔滤膜过滤，进样 20 μL，记录色谱图。

第三节　液相色谱仪相关参数

一、色谱条件

检测器：紫外检测器；色谱柱：XDB-C_{18}(4.6×150 mm，5 μm)；检测波长：284 nm；流动相：甲醇∶水∶冰乙酸(70∶29∶1)；流速：1.0 mL/min。

二、标准曲线的建立

精密吸取空白血浆 0.5 mL，准确加入氟尼辛葡甲胺对照品溶液，使血浆中氟尼辛葡甲胺的质量浓度(c)分别为 0.164 μg/mL、0.328 μg/mL、3.28 μg/mL、32.8 μg/mL、328 μg/mL，然后逐滴加入 0.3 mL 的乙腈，旋涡混合 2 min；

12 000 r/min，离心 10 min，取上清液，用 0.22 μm 微孔滤膜过滤，进样，记录色谱图，得峰面积（A）。以峰面积（A）为纵轴，质量浓度（c）为横轴，作线性回归，得回归方程。

三、样品添加回收率及精密度的测定

分别取含有氟尼辛葡甲胺 32.8 μg/mL、3.28 μg/mL、0.328 μg/mL（高、中、低）的三个质量浓度甲醇溶液，进行前处理后，进样 20 μL，记录色谱图。于 1 d 内每个质量浓度进样 5 次，连续进样 4 d，测定添加回收率、日内变异系数和日间变异系数。

四、数据处理

血药质量浓度-时间数据采用 DAS 自动化药物代谢动力学软件进行分析，计算出药代动力学参数。

第四节　液相色谱检测结果及药代动力学参数

一、标准曲线

以氟尼辛葡甲胺的峰面积相应的氟尼辛葡甲胺质量浓度作线性回归，求出回归方程 $Y=3\,146x+6\,170$，$R^2=0.999\,6$，表明在 0.0164～328 μg/mL 质量浓度范围内，峰面积（y）与质量浓度（x）呈良好的线性关系（图 7-1）。

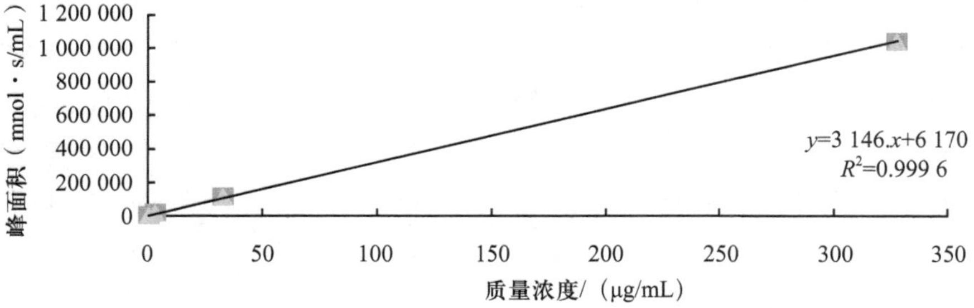

图 7-1　氟尼辛葡甲胺的标准曲线

二、添加回收率与变异系数

氟尼辛葡甲胺高、中、低 3 个质量浓度(32.8 μg/mL、3.28 μg/mL、0.328 μg/mL)血浆样品添加回收率(%)($n=5$)分别为(107.6±1.1)%、(99.8±1.3)%、(88.3±5.1)%;日内变异系数(%)($n=5$)分别为 0.9%,1.3%,4.9%,日间变异系数(%)($n=4$)分别为 1.3%,1.4%,3.2%,说明该检测方法重现性良好,可用于血浆样品中氟尼辛葡甲胺的检测(表 7-1)。

表 7-1　添加回收率及变异系数测定结果

添加质量浓度/(μg/mL)	回收率/%	日内变异系数/%	日间变异系数/%
0.328	88.3±5.1	4.9	3.2
3.28	99.8±1.3	1.3	1.4
32.8	107.6±1.1	0.9	1.3

三、不同时间点的血药质量浓度

不同时间点的血药质量浓度见表 7-2。

表 7-2　奶牛单次肌内注射氟尼辛葡甲胺的血药质量浓度

时间/h	1	2	3	4	5	$\overline{X}$	$S_{\overline{X}}$
0	ND	ND	ND	ND	ND	—	—
0.25	14.64	16.53	17.44	14.20	18.54	16.27	1.839
0.5	41.06	45.66	44.86	42.65	48.56	44.558	2.881
0.75	25.51	31.71	29.19	24.25	30.74	28.28	3.262
1	22.57	28.63	27.66	22.39	27.42	25.734	3.005
1.5	17.77	21.195	19.78	16.73	20.85	19.265	1.947
3	11.58	14.29	14.539	10.33	15.09	13.166	2.086
4	7.08	8.58	7.96	7.12	8.02	7.752	0.643
6	5.12	5.78	3.61	6.58	7.22	5.662	1.395
8	2.29	3.19	2.63	3.17	4.02	3.06	0.657
24	0.56	0.96	1.12	1.01	1.27	0.984	0.265
48	ND	ND	ND	ND	ND	—	—

四、药代动力学参数

血药质量浓度-时间数据用DAS自动化药物代谢动力学软件进行统计矩计算，氟尼辛葡甲胺的药代动力学参数如表7-3所示。

表7-3 奶牛单次静脉注射后血浆中氟尼辛葡甲胺的药代动力学参数

参数	单位	1	2	3	4	5	$\overline{X}$	$S_{\overline{X}}$
AUC (0-t)	μg/(mL·h)	106.96	134.09	122.99	118.77	147.27	126.01	15.34
AUC (0-∞)	μg/(mL·h)	111.41	143.09	141.28	128.91	160.85	137.11	18.33
R_AUC (t/∞)	%	96	93.7	87.1	92.1	91.6	92.1	3.279
AUMC (0-t)	h·h·μg/mL	465.69	643.64	602.21	626.83	779.18	623.51	111.81
AUMC (0-∞)	h·h·μg/mL	608.06	944.82	1 343.13	971.52	1 249.94	1 023.49	289.36
MRT (0-t)	h	4.35	4.8	4.90	5.28	5.29	4.92	0.39
MRT (0-∞)	h	5.458	6.603	9.507	7.537	7.771	7.375	1.5
VRT (0-t)	h^2	24.27	29.987	35.81	33.55	33.90	31.50	4.56
VRT (0-∞)	h^2	55.12	82.16	209.45	98.47	107.28	110.50	58.77
C_last	μg/mL	0.558	0.951	1.107	1.016	1.276	0.982	0.266
$t_{1/2z}$	h	5.53	6.56	11.45	6.92	7.38	7.57	2.27
T_{max}	h	0.5	0.5	0.5	0.5	0.5	0.5	0
Vz/F	L/kg	143.26	132.31	233.82	154.83	132.44	159.33	42.66
CLz/F	L/(h/kg)	17.95	13.98	14.16	15.52	12.43	14.81	2.07
C_{max}	μg/mL	41.06	45.66	44.86	42.65	48.56	44.56	2.88

注：AUC表示零阶矩曲线下面积；R_AUC表示曲线下原始面积；AUMC表示一阶矩曲线下面积；MRT表示平均滞留时间；VRT表示平均滞留时间的方差；C_last表示最后一个点的质量浓度；$t_{1/2z}$表示消除半衰期；T_{max}表示达峰时间；Vz/F表示表观分容积；CLz/F表示清除率；C_{max}表示达峰质量浓度。

第五节　药代动力学参数分析

氟尼辛葡甲胺肌内注射给药后吸收良好，0.5 h 可达到峰质量浓度，在体内半衰期(7.57±2.28)h，与之前报道的静脉注射氟尼辛葡甲胺的牛的消除半衰期为 8.12 h 稍有差异，与 2010 版《中华人民共和国兽药典兽药使用指南·化学药品卷》中提到的氟尼辛葡甲胺在奶牛体内半衰期为 3.1～8.1 h 一致。Hardie(1985)等报道的氟尼辛葡甲胺静脉注射后在犬体内的消除半衰期为 3.7 h，Horii(1990)等报道氟尼辛葡甲胺静脉注射后在猫体内的消除半衰期为 6.6 h，表明氟尼辛葡甲胺在不同种属动物体内的半衰期差异较大。Welsh(1993)等测定羊肌内注射氟尼辛葡甲胺的生物利用度为 70%，由于该实验没有设置静脉注射组，所以其在生物利用度上无法做出结论。

第六节　小结

使用高压液相色谱法(HPLC)测定氟尼辛葡甲胺的血药质量浓度，直接用甲醇沉淀蛋白，样品前处理方法较为简单、快速，可作为含氟尼辛葡甲胺类血药质量浓度的检测手段。在分娩后奶牛体内肌内注射氟尼辛葡甲胺，可吸收迅速，达峰时间短，半衰期较长。

第八章 不当使用氟尼辛葡甲胺对奶牛胎衣不下的影响

胎衣不下又称胎膜滞留，是指奶牛产出胎儿后经过 12 h 胎衣不能自行脱落而滞留于子宫内的病症。胎衣不下是奶牛生产中常见的繁殖障碍性疾病，以分娩后胎衣不能正常排出而出现全部或部分胎衣滞留为主要临床特征。滞留的胎衣发生腐败分解，常继发分娩后的子宫炎、子宫内膜炎。如果治疗不及时或治疗不当，就会导致奶牛的繁殖障碍，影响配种与受胎，且使产犊间隔延长、经济效益降低。严重时，还能导致乳腺炎、奶牛不孕，甚至发生败血症，致使奶牛死亡，给奶牛养殖业造成了较为严重的经济损失。奶牛胎衣不下可引起产奶量下降，蹄叶炎的发生率提高 5～7 倍，乳腺炎的发生率提高 6～8 倍。

胎衣不下的发生率影响因素较多，发病机制不明确。研究表明，当奶牛饲料中缺硒、维生素 E 时，胎衣不下的发生率升高，调整日粮或补充这些物质会降低胎衣不下的发生率。大兴某牛场近一年来奶牛饲料营养状况未发生过较大变化，然而胎衣不下的发生率较一年前却出现了明显的增高。为了搞清楚发病原因，弄清楚奶牛胎衣不下的发病规律，先对房山某奶牛场(该牛场未使用氟尼辛葡甲胺分娩镇痛)的生产记录进行分析整理。

对房山某牛场在 2015 年 8 月至 2016 年 7 月期间分娩奶牛的生产记录进行整理、统计、分析，共得到 1 551 头奶牛的分娩记录，其中胎衣不下的奶牛有 190 头，相关数据采用 Excel 软件统计，并进行卡方检验，分析产犊月份、产犊季节、胎次、妊娠天数、产犊数对奶牛胎衣不下的影响。

第一节　季节对胎衣不下的影响

由表 8-1 的数据可以看出，夏季胎衣不下的发生率最高，其次为冬季。其原因与冷、热应激有很大的关系。由表 8-2 数据可以看出，8 月胎衣不下的发生率最高，达 27.61%。奶牛皮肤汗腺不发达，在高温气候下体热散发不出来，奶牛体温往往升到 39 ℃以上，这就影响了机体的新陈代谢，导致奶牛神经内分泌紊乱，当妊娠后期的母体无法承受胎儿能力的时候，就会很自然地发生早产或流产。因此育种人员可适当控制配种时间，尽量控制母牛在秋季分娩。

表 8-1 不同产犊季节胎衣不下的发生率

季节	分娩/头	胎衣不下/头	胎衣不下的发生率/%
春季(3—5 月)	286	26	9.09
夏季(6—8 月)	500	80	16.00
秋季(9—11 月)	443	38	8.58
冬季(12 至翌年 2 月)	322	46	14.29

表 8-2 不同月份奶牛胎衣不下的发生率

月份	分娩/头	胎衣不下/头	胎衣不下发生率/%
1	98	14	14.29
2	103	14	13.59
3	96	10	10.42
4	69	8	11.59
5	121	8	6.61
6	143	14	9.79
7	194	21	10.82
8	163	45	27.61
9	149	19	12.75
10	146	9	6.16
11	148	10	6.76
12	121	18	14.88
合计	1 551	190	12.25

第二节 妊娠期长短对胎衣不下的影响

表 8-3 表明，不同妊娠时间胎衣不下的发生率差异极其显著($P\leqslant 0.01$)。妊娠期较短的牛胎衣不下发生率较高，达 30.23%。究其原因是奶牛的胎衣不

下与其“胎盘类型”有关。牛的“胎盘类型”属子叶形胎盘，且是“子包母”，这类的胎盘总面积小，而组织学结构比较牢固，因为它是胎儿子叶的绒毛穿过母体子叶腺窝内上皮之下的结缔组织内，所以从组织学上来讲，被称为上皮结缔组织混合型胎盘，即使在预产期里分娩的奶牛，也会有部分发生胎衣不下。俗话说“瓜熟蒂落”，瓜未熟就不容易摘掉，是妊娠期较短的奶牛胎衣不下的发生率较高。为什么妊娠期 290 d 以上的奶牛也会发生胎衣不下？经过进一步翻看原始记录发现，多数是某种原因导致的死胎。

表 8-3　不同妊娠时间胎衣不下的发生率

妊娠时间/d	分娩/头	胎衣不下/头	胎衣不下的发生率/%
≥290	15	3	20.00
280～289	455	46	10.11
270～279	950	110	11.58
≤269	131	31	23.66

第三节　胎次对胎衣不下的影响

表 8-4 表明，不同胎次之间胎衣不下的发生率差异极其显著（$P \leqslant 0.01$）。究其原因主要是随着胎次增加、年龄增大、奶牛体质下降、产科疾病较多所导致的。中医认为胎衣不下的主要原因是气血亏虚、气滞血瘀，而奶牛气虚、血虚会随着胎次、年龄的增大而逐步加重，因此胎次越高，胎衣不下的发生率越高。分娩母牛做好分娩后监护对提高分娩后护理的水平，预防产科疾病的发生具有非常重要的意义。

表 8-4　不同胎次的胎衣不下的发生率

胎次	分娩/头	胎衣不下/头	胎衣不下的发生率/%
1	487	32	6.57
2	399	47	11.78
3	330	44	13.33
4	173	34	19.65
5 及以上	162	33	20.37

第四节　产犊数对胎衣不下的影响

单胎与双胎之间胎衣不下的发生率差异极其显著($P \leqslant 0.01$)(表 8-5)。究其原因可能是奶牛怀双胎后子宫过度紧张,生产时间过长,分娩后子宫收缩无力,致使胎儿胎盘与母体部分,或者全部不能分离而滞留。

表 8-5　不同产犊数的胎衣不下的发生率

产犊数	分娩/头	胎衣不下/头	胎衣不下的发生率/%
单胎	1 469	160	10.89
双胎	82	30	36.59

通过以上分析可以看出,产犊季节、胎次、妊娠时间、产犊数对胎衣不下的影响差异极显著($P \leqslant 0.01$),胎次越高,胎衣不下的发生率越高,双胎时胎衣不下发生率显著高于单胎。妊娠期的长短是胎衣不下发生的根本原因,任何干扰胎盘突成熟的过程,或者在胎盘突成熟之前引起分娩的因素都能导致胎衣不下:早产常伴发胎衣不下,牛的双胎妊娠通常会轻微早产,因此 30%～50%的双胎分娩牛会发生胎衣不下;热应激也可使妊娠期缩短,奶牛分娩后胎衣不下的发病率升高。我们推测,所有引起妊娠期缩短的因素都会导致胎衣不下,但该推论尚待进一步研究。

第五节　不当使用氟尼辛葡甲胺对胎衣不下的影响

在大兴某奶牛场自 2014 年 7 月开始使用氟尼辛葡甲胺注射液,使用剂量为 20 mL/头,分娩后立即肌内注射,使用近 1 年后发现胎衣不下发生率比往年明显升高,本章推测这与氟尼辛葡甲胺的不当使用有关系。对氟尼辛葡甲胺使用前(2013 年 7 月至 2014 年 6 月)与使用后(2014 年 7 月至 2015 年 6 月)分娩奶牛的生产记录进行整理、统计、分析,共得到 2 850 头奶牛的分娩记录,其中胎衣不下的奶牛有 379 头,相关数据采用 Excel 软件统计,并进行卡方检验。

表 8-6　2013 年 7 月至 2014 年 6 月胎衣不下的发病情况

时间/年月	分娩/(头/次)	胎衣不下/(头/次)	胎衣不下的发生率/%
2013.07	168	18	10.71
2013.08	159	20	12.58
2013.09	121	12	9.92
2013.10	126	12	9.52
2013.11	130	12	9.23
2013.12	148	8	5.41
2014.01	114	14	12.28
2014.02	117	10	8.55
2014.03	64	7	10.94
2014.04	63	16	25.40
2014.05	73	12	16.44
2014.06	129	22	17.05
合计	1412	163	11.54

由表 8-6 可知，2013 年 7 月至 2014 年 6 月，奶牛未使用氟尼辛葡甲胺，胎衣不下的发生率为 11.54%。

表 8-7　2014 年 7 月至 2015 年 6 月胎衣不下的发病情况

时间/年月	分娩/(头/次)	胎衣不下/(头/次)	胎衣不下的发生率/%
2014.07	173	33	19.08
2014.08	159	23	14.47
2014.09	148	30	20.27
2014.10	149	21	14.09
2014.11	134	16	11.94
2014.12	130	26	20.00
2015.01	116	18	15.52
2015.02	61	7	11.48
2015.03	74	1	1.35
2015.04	68	5	7.35
2015.05	94	14	14.89
2015.06	132	22	16.67
合计	1438	216	15.02

由表 8-7 可知，2014 年 7 月至 2015 年 6 月（其间一直使用氟尼辛葡甲胺），奶牛分娩后立即注射氟尼辛葡甲胺，胎衣不下的发生率为 15.02%。

表 8-8　使用氟尼辛葡甲胺前后胎衣不下的发病情况

组别	分娩/（头/次）	胎衣不下/（头/次）	胎衣不下的发生率/%
使用前	1412	163	11.54
使用后	1438	216	15.02

由表 8-8 可知，经卡方检验，$X^2=7.17(P\leqslant 0.01)$，两组之间胎衣不下发病率差异极其显著。分娩后立即注射氟尼辛葡甲胺组胎衣不下的发生率高于未注射氟尼辛葡甲胺组。

传统认为，胎衣不下的发生率与饲料营养有很大的关系。当奶牛饲料中缺硒、维生素 E 时，胎衣不下的发生率升高，调整日粮或补充这些物质会降低胎衣不下的发生率。而该牛场 2013 年 7 月至 2015 年 6 月饲料营养状况未发生过较大变化，胎衣不下发生率却表现出较大的差异，表明奶牛胎衣不下的原因并不能完全归于矿物质、维生素缺乏。

胎衣不下的发生率跟季节的冷热刺激有关系，而在统计的数据中均包含了春夏秋冬四季，因此也不能简单以季节月份解释。我们认为胎衣不下发病率的升高与氟尼辛葡甲胺的不当使用有关系。统计表明，氟尼辛葡甲胺使用前与不当使用后胎衣不下的发生率差异显著。

究其原因，要从胎衣的排出机理说起。奶牛属于子叶形胎盘动物，妊娠期间，胎儿子叶附着并包裹母体子宫阜而形成胎盘体。胶原蛋白存在于其界面处相互交联的诸多位点，奶牛分娩后能否顺利排出胎衣关键取决于该胶原蛋白能否被及时破溶。在胎衣排出的过程中，前列腺素发挥了重要作用。首先，前列腺素和催产素的合成与释放会使子宫肌机械收缩力增强，这是分娩的主要原始产力，胎衣也需要子宫收缩的力量才能排出。其次，前列腺素的合成与释放会造成黄体的溶解，黄体的溶解会导致松弛素的释放和孕酮水平的下降，松弛素的释放和孕酮水平的下降又会提高胶原酶的活性，松弛素的释放会使胶原蛋白破溶，从而促进子宫颈松软、骨盆韧带松弛、胎犊子叶与母体子宫阜交联界面分离。

而氟尼辛葡甲胺作为非甾体抗炎药的作用机理是通过抑制花生四烯酸反

应中的环氧化酶的活性，减少前列腺素等炎症因子的合成，表现出明显的抗炎、解热和镇痛作用。前列腺素合成受阻使子宫收缩力的减弱，抑制了胶原蛋白的破溶，因此，胎衣排出之前注射氟尼辛葡甲胺会导致胎衣不下发生率的升高。

第六节　小结

奶牛镇痛技术(使用非甾体抗炎药——美洛昔康、氟尼辛葡甲胺缓解各种原因导致的疼痛)是美国奶牛生产领域的重大进步。分娩疼痛是奶牛一生中经历的最剧烈的疼痛之一，国内外的许多奶牛场为了缓解由分娩疼痛带来的应激，在分娩后注射氟尼辛葡甲胺，取得一定的效果，但往往忽视了氟尼辛葡甲胺的注射时机。氟尼辛葡甲胺作为非甾体抗炎药抑制了前列腺素的前体物质花生四烯酸的合成，前列腺素合成受阻和子宫收缩力减弱，影响了胶原蛋白的破溶，从而导致了胎衣不下发生率的升高，而胎衣不下又常常会导致子宫内膜炎等生殖系统疾病的发生。因此，在生产实践中要注意氟尼辛葡甲胺的使用时机，即必须要在胎衣排出后方可注射。

第九章

硫辛酸对奶牛分娩后氧化应激状态的影响

围产期的奶牛处于应激状态，机体出现免疫抑制，对疾病的易感性增加。尤其是奶牛妊娠末期、分娩及泌乳早期的代谢需要均可使体内活性氧（ROS）的增加，大大超过正常水平，使动物处于氧化应激状态。尤其过多的自由基会损害生物膜脂质的过氧化反应，也可导致膜的流动性发生改变，膜的通透性升高；可引起蛋白质的交联、聚合肽链的断裂，也可使蛋白质与脂质结合形成聚合物，从而使蛋白质功能丧失。第三章的实验证实了奶牛分娩后出现 MDA、TAOC、T-SOD 等指标的明显升高，这表明分娩过程进一步加重了氧化应激损伤。

既然分娩过程导致了氧化应激损伤，那么在分娩前奶牛日粮中添加抗氧化剂能否起到缓解应激的作用呢？

抗氧化剂可以有效清除体内有害自由基，激活动物体内的抗氧化防卫系统。实践证明，在饲料中添加一定量的抗氧化物质，可有效控制体内过氧化物和自由基的产生。常用的生物抗氧化剂包括维生素 E、维生素 C、谷胱甘肽、硒、铜。由于体内吸收、毒性、排泄、来源及效价等因素在生产中的应用受到很大的限制，目前还没有理想的抗氧化剂在奶牛生产中被广泛应用。

硫辛酸是在生物体内发现的一种八碳羧酸，是一种双硫五元环型维生素，广泛存在于动植物等生物组织中，参与三羧酸循环，是机体 ATP 产生过程中必不可少的辅助因子。研究发现，诸多疾病与体内自由基的蓄积有密切的关系，而抗氧化剂可以清除自由基，维持重要免疫细胞的功能和机构完整性，进而增强机体的免疫机能。硫辛酸是已知天然抗氧化剂中效果最好的一种，是唯一兼具脂溶性与水溶性的抗氧化剂，能够诱导再生内源性抗氧化剂，能有效对抗多种自由基，享有“万能抗氧化剂”之称。该实验是在奶牛围产前期开始补充饲喂硫辛酸，通过检测分娩后奶牛血清中的氧化指标，如总抗氧化能力（TAOC）、总超氧化物歧化酶（T-SOD）和丙二醛（MDA）的变化，探讨硫辛酸对围产期奶牛氧化应激状态的影响。

该实验在北京郊区某牛场进行。选取临床健康且进入围产前期的成年奶牛 20 头，要求上一胎次无难产、胎衣不下，体况评分在 3.0～3.5 分，平均体重为(500±50)kg。圈养，自由采食及饮水，全混合日粮(TMR)饲喂。

实验采用单因素设计。选取的 20 头奶牛随机分为实验组和对照组。实验组的 10 头奶牛分别从分娩前 20 天的日粮中开始添加硫辛酸，可添加在少量精料中饲喂，5 g/次，每天 1 次。对照组不添加。于分娩后第 1 天、第 2 天、第 3 天尾静脉采血，普通管凝固后离心(2 000 r/min，5 min)，分离血清于 －20 ℃冰箱内冷冻保存，待测。数据采用 SPSS 18.0 进行单因素方差分析方法(ANOVA)进行组间差异的分析，各组以平均数加减标准差表示。

第一节　硫辛酸对奶牛分娩后血清 T-SOD 的影响

T-SOD 的检测原理是通过黄嘌呤及黄嘌呤反应系统产生超氧阴离子自由基，后者氧化羟胺形成亚硝酸盐，在显色剂的作用下呈现紫红色，用可见光分光光度计测其吸收度。当被测样品中含 T-SOD 时，则对超氧阴离子自由基有专一性的抑制作用，形成的亚硝酸盐减少，比色测定管的吸光度值低于对照管的吸光度值，通过公式计算可求出被测样品中的 T-SOD 活力。结果表明，实验组 T-SOD 含量在奶牛分娩后第 1 天、分娩后第 2 天、分娩后第 3 天均高于对照组，其中实验组分娩后第 1 天、分娩后第 2 天的 T-SOD 含量与对照组差异显著(表 9-1)。

表 9-1　饲喂硫辛酸对奶牛分娩后血清 T-SOD 的影响　U/mL

组别	T-SOD 含量		
	分娩后第 1 天	分娩后第 2 天	分娩后第 3 天
对照组	72.42 ± 14.97^{a}	69.47 ± 14.06^{A}	75.65 ± 10.53
实验组	84.56 ± 8.47^{b}	85.15 ± 3.69^{B}	80.95 ± 5.36

注：同列数据肩标大写字母不同表示差异极显著($P<0.01$)，小写字母不同表示差异显著($P<0.05$)，无肩标表示差异不显著($P>0.05$)。

第二节　硫辛酸对奶牛分娩后血清 TAOC 的影响

TAOC 的检测原理是血清中的许多抗氧化物质使 Fe^{3+} 还原为 Fe^{2+}，后者可与菲咻类物质形成稳固的络合物，通过比色可测出其抗氧化能力的高低。结果表明，实验组 TAOC 含量在奶牛分娩后第 1 天、分娩后第 2 天低于对照组，实验组在分娩后第 3 天的 TAOC 含量高于对照组，但差异均不显著（表 9-2）。

表 9-2 饲喂硫辛酸对奶牛分娩后血清 TAOC 的影响 U/mL

组别	TAOC 含量		
	分娩后第 1 天	分娩后第 2 天	分娩后第 3 天
对照组	3.42±2.09	3.74±2.92	2.52±1.71
实验组	3.95±3.87	3.17±1.09	2.97±1.06

注：同列数据无肩标表示差异不显著（$P>0.05$）。

第三节 硫辛酸对奶牛分娩后血清 MDA 的影响

MDA 的检测原理是过氧化脂质降解产物中的 MDA 可与硫代巴比妥酸缩合，形成红色产物，在 532 nm 处有最大吸收峰。结果表明，实验组 MDA 含量在奶牛分娩后第 1 天、分娩后第 2 天、分娩后第 3 天低于对照组，差异不显著（表 9-3）。

表 9-3 饲喂硫辛酸对奶牛分娩后血清 MDA 的影响 nmoL/L

组别	MDA 含量		
	分娩后第 1 天	分娩后第 2 天	分娩后第 3 天
对照组	3.83±3.68	3.39±0.85	2.88±1.65
实验组	3.16±1.23	3.01±2.00	2.57±1.22

注：同列数据无肩标表示差异不显著（$P>0.05$）。

第四节 硫辛酸对奶牛氧化应激指标影响的分析与探讨

TAOC 反映了机体真实的抗氧化能力，杨瑞丽等报道，硫辛酸可以显著提高饲喂高脂饲料小鼠总抗氧化能力，显著降低脂质过氧化物产物 MDA 和活性氧（ROS）含量。在该研究中，实验组添加硫辛酸后没有出现差异性变化，可能是动物体自我平衡的结果。

T-SOD 是动物体内对抗氧自由基的第一道防线，能将过氧化物转化为过氧化氢，然后过氧化氢在另一种抗氧化酶——谷胱甘肽过氧化物酶的作用下转化为水。该研究结果表明，实验组的 T-SOD 活性高于对照组，说明饲喂硫辛酸可增强血清中 T-SOD 的活性。这与李杏等的研究结果一致。

MDA 是自由基攻击生物膜上的多不饱和脂肪酸的产物，是传统的脂质过氧化损伤产物，可作为一种氧化应激的指示物。测定 MDA 的含量常可反映机体内源性脂质过氧化损伤的程度。王艳艳等报道，硫辛酸可使饲喂高脂日粮小鼠的消化系统自由基水平及机体抗氧化能力恢复到接近正常日粮水平，显著降低脂质过氧化产物 MDA 含量。S. Mehmet 等研究发现，硫辛酸可以使大鼠限制应激所致的肾脏 MDA 含量降低，表明硫辛酸可有效改善限制应激所致的脂质过氧化。熊桂林等研究发现，在干乳后期和泌乳早期每天补充硫辛酸(5 mg/头)能使奶牛血清中的谷胱甘肽过氧化物酶活性升高和 MDA 含量降低，可显著改善血清的氧化状态。该实验结果表明，实验组 MDA 的含量低于对照组，但差异不显著($P>0.05$)，可能是由饲喂时间较短导致的。该实验是从预产期前 20 天开始饲喂硫辛酸的，由于饲喂时间不足，尚未产生足够的效力。

第五节 小结

改善围产期奶牛的氧化应激状态对改善奶牛围产期的健康状况具有重要意义。该实验进行了初步探索，初步证明硫辛酸对改善围产期奶牛的抗氧化应激状态具有积极的意义，但硫辛酸抗氧化作用的机理较为复杂。其应用剂量、时间及作用机理仍有待进一步研究，尤其是奶牛日粮中添加硫辛酸所带来的适口性问题也需要进一步改善。

参考文献

安立刚，张凡建，孙健，等，2018. 产前体况评分对围产期奶牛炎性反应与代谢紊乱[J]. 中国兽医杂志，54(10)：67-69.

贝丽琴，吴心华，陈旭海，等，2015. 奶牛分娩应激综合征[J]. 中国动物保健(12)：33-36.

操继跃，刘雅红，2014. 兽医药理学与治疗学[M]. 9 版．北京：中国农业出版社．

曹功明，卢建雄，2010. 锌对动物抗氧化作用的研究进展[J]. 黑龙江畜牧兽医(1)：19-20.

曹杰，2015. 奶牛围产期疾病数据分析及管理[J]. 中国奶牛(6)：59-60.

董菊红，李成应，张智德，2011. 氟尼辛葡甲胺在牛上的应用[J]. 中国奶牛(12)：45-47.

杜化娟，2011. 舒芬太尼两种镇痛方法对家兔 β-内啡肽和氧自由基的影响[D]. 南宁：广西医科大学．

付志新，刘宗平，牛一兵，2009. 奶牛真胃变位发病原因研究进展[J]. 动物医学进展，30(6)：79-81.

高阳，2015. 奶牛酮病发病率调查及丙二醇预防酮病的效果研究[D]. 大庆：黑龙江八一农垦大学．

谷娟，张春刚，刘祯，等，2015. 氧化应激与奶牛围产期疾病的关系及其作用机制[J]. 中国奶牛(10)：31-36.

关文怡，孙健，曹授俊，2019. 奶牛乳房炎的发生与乳汁中体细胞数及乳成分的相关性探索[J]. 饲料研究，42(12)：7-9.

侯焕喜，王训，2014. 帕金森病与微量元素及氧化应激的关系[J]. 中国神经免疫学和神经病学杂志(2)：123-125.

侯引绪,2017. 规模化牧场奶牛保健与疾病防治[M]. 北京:中国农业科学技术出版社.

侯引绪,郭欣怡,孙健,等,2015. 奶牛分娩后注射氟尼辛葡甲胺对产后代谢病的防控效果[J]. 黑龙江畜牧兽医(22):82-83.

侯引绪,郭欣怡,孙健,等,2015. 奶牛分娩后注射氟尼辛葡甲胺对其泌乳性能及 SCC 的作用效果观察[J]. 中国奶牛(18):59-60.

侯引绪,郭欣怡,孙健,等,2015. 奶牛分娩后注射氟尼辛葡甲胺对其泌乳性能及乳 SCC 的作用效果研究[J]. 中国奶牛(18):59-60.

侯引绪,孙健,王炎,等,2015. 注射氟尼辛葡甲胺缓解奶牛分娩应激对血液生化指标的影响[J]. 中国奶牛(7):33-34.

黄光红,2013. 奶牛胎衣不下的不同治疗方法对其生产和繁殖性能的影响[J]. 上海畜牧兽医通讯(4):50-51.

姜春雷,王云霞,2015. 应激与疾病[M]. 上海:第二军医大学出版社.

姜云霞,2007. 微量元素铜的研究进展及其对动物健康的影响[J]. 微量元素与健康研究(5):58-61.

李俊杰,申国新,汪恩强,等,2014. 围产期奶牛几种血液生理生化指标监测[J]. 中国奶牛(21):27-31.

李杏,陈小连,朱丽慧,等,2012. 硫辛酸对黄羽肉鸡生长性能、抗氧化能力和免疫功能的影响[J]. 动物营养学报,24(3):515-521.

李亚娟,王浩,李佳,等,2016. 酮病治疗对奶牛总抗氧化能力的影响[J]. 中国奶牛(8):32-34.

李玉保,裴兰英,鲍恩东,等,2008. 运输应激猪 HSPs mRNA 转录、分布及免疫器官病理性损伤相关性研究[J]. 中国农业科学,41(6):1832-1837.

李筠,2015. 分娩应激对分娩过程的影响[D]. 广州:暨南大学.

李忠鹏,2014. 奶牛肢蹄病患牛体内矿物元素和氧化应激指标的变化[D]. 泰安:山东农业大学.

梁海军,李胜利,秦贵信,等,2016. 难产对奶牛的危害及产后疼痛的识别和缓解[J]. 中国畜牧杂志,52(19):104-108.

刘大森,姜明明,2015. 围产期奶牛健康指标体系和营养代谢研究进展[J]. 饲料工业,36(8):1-4.

刘海霞,刘俊栋,殷洁鑫,等,2011. 奶牛真胃变位的研究进展[J]. 中国畜牧兽医,38(7):184-187.

刘红霞,冯登侦,2009. 荷斯坦牛最高日产与305天产奶量相关分析及遗传力估计[J]. 畜禽业(10):16-17.

刘建新,王艳明,2010. 奶牛氧化应激研究进展及其影响因素[J]. 饲料工业(2):9-14.

卢德勋,2016. 新版系统动物营养学导论[M]. 北京:中国农业出版社.

吕琼霞,2009. 运输应激对猪免疫机能的影响及其调控机理初探[D]. 南京:南京农业大学.

聂甜甜,郑程远,邹晓,等,2015. 胎衣不下奶牛胎盘组织差异表达蛋白的筛选及鉴定[J]. 中国生物制品学杂志,28(1):54-57.

钱仲仓,刘海萍,徐勇,等,2009. 早期断奶应激对仔猪血清皮质醇含量和肠形态及肠屏障通透性的影响[J]. 西北农林科技大学学报(自然科学版)(10):62-66.

桑松柏,夏成,张洪友,等,2009. 奶牛围产期低血钙发生状况及其调节作用[J]. 中国奶牛(3):38-41.

桑秀丽,2015. 评估分娩疼痛程度及相关因素与分娩结局的关系[J]. 中国实用医药(19):278-279.

孙健,段素云,侯引绪,等,2013. 奶牛产后注射氟尼辛葡甲胺对血液生化指标及乳质成分的影响[J]. 黑龙江畜牧兽医(8下):127.

孙健,段素云,马建民,2018. 氟尼辛葡甲胺的药理作用研究进展[J]. 山东畜牧兽医,39(1):65-66.

孙健,关文怡,曹允,等,2017. 奶牛产后不当使用氟尼辛葡甲胺对胎衣不下发生率的影响[J]. 黑龙江畜牧兽医(11下):136-137.

孙健,关文怡,雷莉辉,等,2018. 硫辛酸对奶牛产后氧化应激状态的影响[J]. 黑龙江畜牧兽医(8):153-155.

孙健,侯引绪,王炎,等,2015. 注射氟尼辛葡甲胺缓解奶牛分娩应激对血液生化指标的影响[J]. 中国奶牛(7):33-35.

孙健,马建民,张凡建,等,2016. 氟尼辛葡甲胺肌肉注射后在产后奶牛体内的药代动力学研究[J]. 黑龙江畜牧兽医(12下):146-148.

孙健,孙锋,孙永山,2019. 某奶牛场成母牛死淘原因分析[J]. 山东畜牧兽

医,49(7):14-16.

孙健,张凡建,关文怡,等,2017. 硫辛酸在畜牧业中的应用研究进展[J]. 山东畜牧兽医,38(12):98-99.

孙健,张浩,雷莉辉,等,2019. 奶牛产后注射氟尼辛葡甲胺对乳房炎发生率的影响[J]. 山东畜牧兽医,40(1):10-11.

孙健,张京和,张凡建,等,2017. 奶牛胎衣不下影响因素分析[J]. 黑龙江畜牧兽医(8 下):132-134.

孙书静,2017. 奶牛围产期多发病的病因调查与防控对策[J]. 浙江畜牧兽医(1):19-20.

孙忠超,贾幼陵,2013. 疼痛应激对畜禽的影响及对策[J]. 中国动物检疫(5):78-81.

覃慧君,黄守国,2014. 足月分娩应激反应的研究进展[J]. 海南医学(3):387-389.

滕文锋,施丽飞,侯殿东,等,2007. 束缚应激对小鼠全血铁锌钙镁含量影响[J]. 中国公共卫生(5):599-600.

田文静,2014. 饲料中添加硒和镁对中华绒螯蟹幼蟹生长、抗氧化性能的影响[D]. 上海:华东师范大学.

万雷,黄宏兴,柴生颋,等,2012. 骨康方对去势大鼠肾组织 MDA、SOD、TAOC 的影响[J]. 陕西中医(7):923-924.

王新兴,钱令嘉,2013. 应激与代谢调节[J]. 生理科学进展(5):333-338.

王艳明,2010. 日粮脂肪和能量水平对奶牛氧化应激、生产性能的影响及抗氧化剂添加效果研究[D]. 杭州:浙江大学.

吾布力·沙地克,叶东东,等,2009. 影响奶牛胎衣不下的主要因素分析[J]. 中国畜牧兽医,36(9):114-115.

熊桂林,曹随忠,付志新,等,2010. 硫辛酸对围产期奶牛氧化状态的影响[J]. 中国兽医学报,30(9):1253-1256.

徐闯,于洪江,沈泰钰,等,2016. 围产后期奶牛的血液生化指标特征[J]. 中国兽医学报(8):1387-1392.

徐晓林,2013. HSP70 在动脉粥样硬化中的作用及其机制[D]. 上海:复旦大学.

严宝英，侯引绪，曾光祥，等，2014. 产后灌服丙二醇与钙磷镁合剂及复方口服补液盐对奶牛血液生化指标的影响[J]. 中国奶牛(16)：23-25.

杨开红，2013. 奶牛围产期血液生理生化指标动态变化的研究[D]. 扬州：扬州大学.

杨开红，王家晶，姚路连，等，2013. 奶牛围产期血液学和脂质过氧化指标变化的研究[J]. 扬州大学学报(农业与生命科学版)(4)：23-26.

余元勋，鲍远程，王爱玲，等，2013. 中国疾病信号通路与靶向治疗学[M]. 合肥：安徽科学技术出版社.

余祖功，蒋春茂，郭永刚，等，2007. 猪静注、肌注氟尼辛葡甲胺的药物动力学研究[J]. 中国农业科学，40(9)：2068-2072.

张凡建，李丹，孙健，等，2018. 围产期奶牛炎性反应与代谢紊乱[J]. 中国兽医杂志，54(9)：64-66.

张凡建，马建民，孙健，等，2018. 头胎与经产奶牛围产期血脂代谢物及相关激素水平的比较[J]. 中国兽医杂志，54(11)：23-25.

张凡建，乔立东，孙健，等，2017. 头胎与经产奶牛围产期血清生化和生产性能的比较[J]. 中国畜牧兽医，44(8)：2529-2532.

张凡建，王九峰，侯引绪，等，2012. 奶牛热应激评价指标研究进展[J]. 中国兽医杂志，39(2)：62-64

张国士，2003. 奶牛真胃变位发病规律的研究[J]. 中国兽医杂志，29(2)：6-8.

张权，邓慧华，2017. 头发皮质醇质量浓度测定在应激相关疾病研究中的应用[J]. 中国心理卫生杂志(2)：108-114.

张廷青，2010. 如何做好奶牛的群体繁殖工作(五)[J]. 中国乳业(10)：35-36.

张廷青，2014. 张博士实战解析-奶牛高效繁殖[M]. 北京：化学工业出版社

赵勐，曹斌斌，曹杰，2011. 博威钙预防奶牛产后低血钙的效果观察[J]. 中国奶牛(10)：45-47.

周媛丽，叶耿坪，刘光磊，2016. 饲粮硒含量对酮病奶牛氧化应激的缓解作用[J]. 动物营养学报(12)：4029-4035.

周媛丽，叶耿坪，刘光磊，2016. 饲粮硒含量对酮病奶牛氧化应激的缓解作用[J]. 动物营养学报，28(12)：4029-4035.

朱静，马云宝，2008. 热休克蛋白的研究与临床应用[J]. 标记免疫分析与

临床(5):332-334.

邹晓,刘瑶,郑程,等,2015. 胎衣不下奶牛母体胎盘 α 烯醇化酶异常表达分析及验证[J]. 中国畜牧兽医,42(10):2714-2719.

ABUELO A, HERNANDEZ J, BENEDITO J L, et al, 2015. The importance of the oxidative status of dairy cattle in the periparturient period: revisiting antioxidant supplementation[J]. Journal of Animal Physiology and Animal Nutrition, 99(6):1003-1016.

AGGARWAL A, ASHUTOSH, CHANDRA G, et al, 2012. Heat shock protein 70, oxidative stress, and antioxidant status in periparturient crossbred cows supplemented with alpha-tocopherol acetate[J]. Tropical Animal Health and Production, 45(1):239-245.

AGNEW L L, COLDITZ I G, 2008. Development of a method of measuring cellular stress in cattle and sheep[J]. Veterinary Immunologyand Immunopathology, 123(34):197-204.

AL-QUDAH K M, ISMAIL Z B, 2012. The relationship between serum biotin and oxidant/antioxidant activities in bovine lameness[J]. Research in Veterinary Science, 92(1):138-141.

BOUWSTRA R J, GOSELINKR M A, DOBBELAAR P, et al, 2008. The relationship between oxidative damage and vitamin E concentration in blood, milk, and liver tissue from vitamin E supplemented and non-supplemented periparturient heifers[J]. Journal of Dairy Science, 91(3):977-987.

CHAVEZ J D, SCHWEPPE D K, ENG J K, et al, 2016. In vivo conformational dynamics of HSP90 and its interactors[J]. Cell Chemical Biology, 23(6):716-726.

CROOKENDEN M A, HEISER A, MURRAY A, et al. , 2016. Parturition in dairy cows temporarily alters the expression of genes in circulating neutrophils[J]. Journal of Dairy Science, 99(8):6470-6483.

DEBSKI B, NOWICKI T, ZALEWSKI W, et al, 2016. Evaluation of acute phase proteins in clinically healthy dairy cows in perinatal period and during lactation[J]. Polish Journal of Veterinary Sciences, 19(3):519-523.

EBEID T A, ZEWEIL H S, BASYONY M M, et al, 2013. Fortification of rabbit diets with vitamin E or selenium affects growth performance, lipid peroxidation, oxidative status and immune response in growing rabbits[J]. Livestock Science, 155(23): 323-331.

ELDEEB W M, ELBAHR S M, 2017. Biomarkers of ketosis in dairy cows at post-parturient period: acute phase proteins and pro-inflammatory cytokines[J]. Veterinarski Arhiv, 87(4): 431-440.

FANJIAN ZHANG, DAN LI, QIONG WU, JIAN SUN et al, 2019. Prepartum body conditions affect insulin signaling pathways in postpartum adipose tissues in transition dairy cows[J]. Journal of Animal Science and Biotechnology, 10: 38.

FAULKNER M J, WENNER B A, SOLDEN L M, et al, 2017. Source of supplemental dietary copper, zinc, and manganese affects fecal microbial relative abundance in lactating dairy cows[J]. Journal of Dairy Science, 100(2): 1037-1044.

GIUBELLINO A, SOURBIER C, Lee M, et al, 2013. Targeting heat shock protein 90 for the treatment of malignant pheochromocytoma[J]. PLos One, 8: e560832.

HUBER J, ARNHOLDT T, MOSTL E, et al, 2013. Pain management with flunixin meglumine at dehorning of calves[J]. Journal of Dairy Science, 96(1): 132-140.

LUSHCHAK V I, 2014. Free radicals, reactive oxygen species, oxidative stress and its classification[J]. Chemico- Biological Interactions, 224: 164-175.

MAINAU E, MANTECA X, 2011. Pain and discomfort caused by parturition in cows and sows[J]. Applied Animal Behaviour Science, 135(3): 241-251.

MCEWEN B S, 2015. Biomarkers for assessing population and individual health and disease related to stress and adaptation[J]. Metabolism-Clinical and Experimental, 641(3): S2-S10.

NEWBY N C, PEARL D L, LEBLANC S J, et al, 2013. Effects of meloxicam on milk production, behavior and feed intake in dairy cows following assisted calving[J]. Journal of Dairy Science, 96(6): 3682-3688.

SHEIKH A A, AGGARWAL A, INDU B, et al, 2017. Inorganic zinc supplementation modulates heat shock and immune response in heat stressed peripheral blood mononuclear cells of periparturient dairy cows[J]. Theriogenology, 95: 75-82.

SORDILLO L M, AITKEN S L, 2009. Impact of oxidative stress on the health and immune function of dairy cattle[J]. Veterinary Immunology and Immunopathology, 128(13): 104-109.

SORDILLO L M, AITKEN S L, 2009. Impact of oxidative stress on the health and immune function of dairy cattle[J]. Veterinary immunology and Immunopathology, 128(13): 104-109.

SORIANO V S, JONATHAN E S, RAMPAZZO JUNIOR H P, et al, 2015. Postpartum nitric oxide, oxidants and antioxidants levels in ewes and their lambs[J]. Small Ruminant Research, 123(1): 13-16.

SUN Y, CAO F, LI L, et al, 2010. Superoxide dismutase and malondialdehyde levels in serum of dairy cows with perinatal diseases[J]. Animal Husbandry and Feed Science, 2(5): 14-17.

TURK R, JURETIC D, GERES D, et al, 2008. Influence of oxidative stress and metabolic adaptation on PON1 activity and MDA level in transition dairy cows[J]. Animal Reproduction Science, 108(12): 98-106.

WEIS F, MOULLINTRAFFORT L, HEICHETTE C, et al, 2010. The 90-kda heat shock protein Hsp90 protects tubulin against thermal denaturation[J]. Journal of Biological Chemistry, 285(13): 9525-9534.

YILMAZ O, KORKMAZ M, JAROSZEWSKI J J, et al, 2014. Comparison of flunixin meglumine and meloxicam influence on postoperative and oxidative stress in ovariohysterectomized bitches[J]. Polish Journal of Veterinary Sciences, 17(3): 493-499.

YOUSEF M I, SAAD A A, EL-SHENNAWY L K, 2009. Protective effect of grape seed proanthocyanidin extract against oxidative stress induced by cisplatin in rats[J]. Food and Chemical Toxicology, 47(6): 1176-1183.

附录　缩写词中英文对照

缩写词中英文对照，如附表1所列。

附表1　缩写词中英文对照

缩写	英文名称	中文名称
ACTH	adrenocorticotropic hormone	促肾上腺皮质激素
APP	acute phase protein	急性期蛋白
BHBA	beta-hydroxybutyric acid	β-羟丁酸
COX	cyclooxygenase	环氧合酶
FM	flunixin meglumine	氟尼辛葡甲胺
GABA	gamma aminobutyric acid	γ-氨基丁酸
GC	glucocorticoid	糖皮质激素
GSH-Px	glutathione peroxidase	谷胱甘肽过氧化物酶
HPA	hypothalamic-pituitary-adrenal axis	下丘脑-垂体-肾上腺轴
HSP	heat shock protein	热休克蛋白
ICP-MS	inductively coupled plasma mass spectrometer	电感耦合等离子体质谱法
MAPK	activated protein kinase	促分裂原活化的蛋白激酶
MDA	malondialdehyde	丙二醛
NSAD	non steroidal antiinflammatory drug	非甾体抗炎药
OFR	oxygen free radical	氧自由基
PI3K	phosphoinositide 3-kinase	磷酸肌醇3激酶
PG	prostaglandin	前列腺素
RNS	reactive nitrogen species	活性氮
ROS	reactive oxygen species	活性氧
SOD	superoxide dismutase	超氧化物歧化酶
TAOC	total antioxidant capacity	总抗氧化能力
TBA	thiobarbituric acid method	硫代巴比妥酸法
T-SOD	total superoxide dismutase	总超氧化物歧化酶